FAO中文出版计划项目丛书

《粮食和农业植物遗传资源种质库标准》实施实用指南

——离体保存

联合国粮食及农业组织　编著
张金梅　陈晓玲　辛　霞　译

中国农业出版社
联合国粮食及农业组织
2025・北京

引用格式要求：

粮农组织。2025。《〈粮食和农业植物遗传资源种质库标准〉实施实用指南——离体保存》。中国北京，中国农业出版社。https://doi.org/10.4060/cc0025zh

本信息产品中使用的名称和介绍的材料，并不意味着联合国粮食及农业组织（粮农组织）对任何国家、领地、城市、地区或其当局的法律或发展状况，或对其国界或边界的划分表示任何意见。提及具体的公司或厂商产品，无论是否含有专利，并不意味着这些公司或产品得到粮农组织的认可或推荐，优于未提及的其他类似公司或产品。

本信息产品中陈述的观点是作者的观点，未必反映粮农组织的观点或政策。

ISBN 978-92-5-136186-3（粮农组织）
ISBN 978-7-109-32934-8（中国农业出版社）

FAO中文出版计划项目丛书

指导委员会

PREFACE 序

国际组织和各国政府正在努力实现到 2030 年消除饥饿等可持续发展目标（SDGs）。为了实现可持续发展目标，需制定和推广有利于农民的解决方案，并为《联合国粮食及农业组织战略框架 2022—2031》提供必要性背景。该战略框架旨在改进目前不够合理的农业和粮食体系，使其更高效、更包容、更有韧性和更可持续，以实现四个愿景：更好生产、更好营养、更好环境和更好生活。

大约 80%的粮食是植物性的，因此，即使在气候不断恶化的情况下，我们也将极大受益于可持续作物生产体系，有助于提升粮食的营养价值和减少投入。关键是不断改良作物品种，使其具有养分利用高效、营养丰富、适应目标农业生态环境以及适应生物和非生物胁迫等多样化特性。植物育种者需要获得尽可能广泛的遗传变异材料来培育新品种。粮食和农业植物遗传资源（PGRFA），包括改良品种、农家种/地方种和作物野生近缘种，是遗传材料的主要来源。确保种质库中已鉴定和编目的粮食和农业植物遗传资源的安全，有助于保障当下和未来对遗传资源的直接利用或用于科学研究和品种培育。

联合国粮食及农业组织（简称粮农组织）及其伙伴认识到种质库的有效运行对可持续作物生产体系至关重要。此外，通过种质资源交换，全球对粮食和农业植物遗传资源相互依赖，因此粮农组织一直将协调统一世界各种质库流程作为粮食和农业植物遗传资源保护和可持续利用工作的重中之重。粮农组织通过其粮食和农业遗传资源委员会在 2014 年发布了《粮食和农业植物遗传资源种质库标准》（简称《种质库标准》）。《种质库标准》为种质库、种质圃、试管苗库和超低温库等异地保存粮食和农业植物遗传资源提供了国际标准。

种质库工作人员认为，为提高《种质库标准》的实用性，应按照种质库操作流程分步骤编写配套丛书，为种质资源保存过程中的复杂步骤和决策提供指导，将成为具有深远意义的参考资料。鉴于此，粮农组织编写了《〈粮食和农业植物遗传资源种质库标准〉实施实用指南——离体保存》。此外，还编写了《〈粮食和农业植物遗传资源种质库标准〉实施实用指南——种质库正常型种子保存》和《〈粮食和农业植物遗传资源种质库标准〉实施实用指南——种质圃保存》。

本配套丛书简单易懂，可作为种质库技术人员的操作手册、种质库管理人员的简化指导教材，亦可作为对种质库运行感兴趣人员的简易参考资料。

Jingyuan Xia

夏敬源

粮农组织植物生产与保护司司长

ACKNOWLEDGEMENTS 致 谢

粮农组织植物生产与保护司在 Chikelu Mba 的指导下编写了《〈粮食和农业植物遗传资源种质库标准〉实施实用指南——离体保存》，并在 2021 年 9 月 27 日至 10 月 1 日期间召开的粮农组织粮食和农业遗传资源委员会第 18 届例会上通过。诚挚感谢粮食和农业遗传资源委员会给予的指导以及委员会成员提供的宝贵建议。

参与编写的人员包括粮农组织 Bonnie Furman、Stefano Diulgheroff、Arhsiya Noorani 和 Chikelu Mba。

特别感谢 Mary Bridget Taylor、Catherine Gold、Andreas Wilhelm Ebert 和全球作物多样性基金对编制本手册的巨大贡献。粮食和农业遗传资源委员会、CGIAR 种质库平台以及 Adriana Alercia、Joelle Braidy、Nora Castaneda - Alvarez、Paula Cecilia Calvo、Mirta Culek、Axel Diederichsen、Lucia de La Rosa Fernandez、Lianne Fernandez Granda、Luigi Guarino、Jean Hanson、Fiona Hay、Remmie Hilukwa、Visitación Huelgas、Yalem Tesfay Kahssay、Simon Linington、Charlotte Lusty、Medini Maher、Matlou Jermina Moeaha、Mina Nath Paudel、William Solano、Mohd Shukri Bin Mat Ali、Janny van Beem 以及 Ines Van den Houwe 等个人均有贡献。

特别感谢 Alessandro Mannocchi 为本手册所做的设计和排版。同时感谢 Mirko Montuori、Dafydd Pilling 和 Suzanne Redfern 提供了发行支持。还有很多人为本手册的编写和出版做出了贡献，粮农组织诚挚地感谢他们付出的时间、敬业和专业。

前　言 FOREWORD

种质库对粮食和农业植物遗传资源进行异地保存，旨在确保当下和未来对遗传资源的直接利用或用于研究与植物育种。因此，种质库有助于可持续作物生产体系，有助于实现粮食安全和营养安全。然而，必须对种质库进行有效管理，使种质资源在最佳条件下得到保存并可供利用。

种质库还通过种质交流，包括跨国交流，在促进全球粮食和农业植物遗传资源合作方面发挥了重要作用。2014 年发布的《粮食和农业植物遗传资源种质库标准》旨在统一种质库操作，即统一各种质库和各国的种质资源保存、鉴定、评价和信息汇编。《种质库标准》设置了当前最佳的科学和技术基准。

为满足分步骤明确离体种质库常规操作流程的需要，特编制《〈粮食和农业植物遗传资源种质库标准〉实施实用指南——离体保存》。粮农组织粮食和农业遗传资源委员会在 2021 年第 18 届例会上批准了这份实用指南，按离体种质库工作流程提供了每个流程所需的信息。基于种质库管理的基本原则提出了一系列关键且相互关联的操作环节，即：种质的身份，生活力维持，保存和更新过程中遗传完整性的维持，种质健康维持，保藏种质的物理安全，种质的可用性、分发和利用，信息的可用性，以及离体种质库的主动管理。

本手册包括：种质资源获取、离体培养和缓慢生长保存、继代培养和复壮、鉴定和评价、信息汇编、分发、安全备份以及人员和安全。每一个环节都配有操作流程图。此外，还提出了离体种质库设施设计或修建所需的基础设施和设备建议。并提供了关于离体种质库运行管理的指导和技术背景的参考资料。附录部分提供了与各离体种质库操作相关的潜在风险及其预防措施。

本手册旨在促进《种质库标准》的广泛应用，是其配套系列出版物之一。离体种质库管理人员可以将本手册作为制定操作标准程序、质量管理体系的基础，或者简单地将其作为一本参考手册。

CONTENTS 目　录

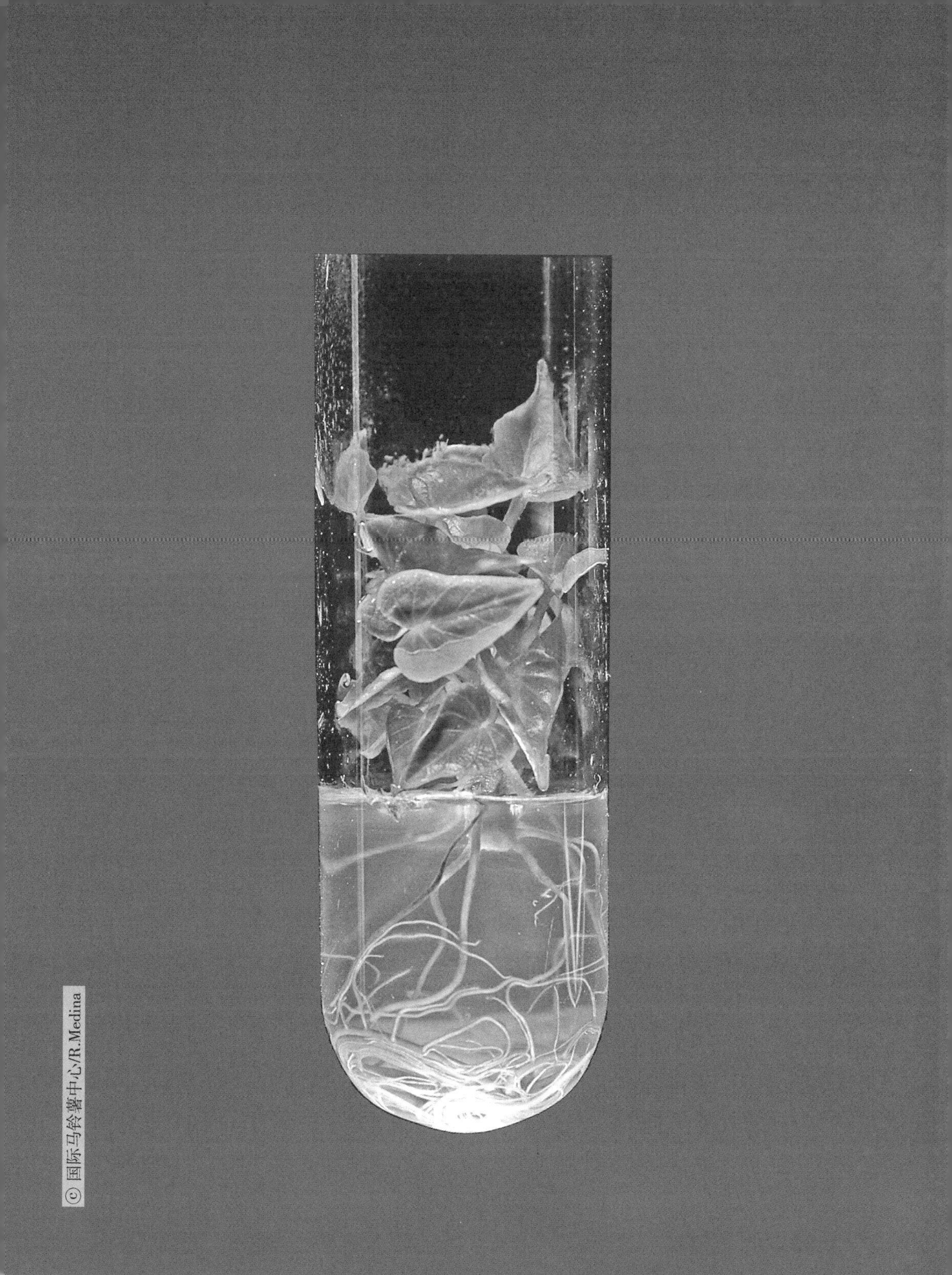

离体培养的甘薯，国际马铃薯中心

1 导 论

许多大田和园艺作物以及农林业物种很难或无法用种子保存。因为有些物种有顽拗性种子，种子保存寿命短；有些物种生成种子可能需要很多年，如许多木本植物；有些是杂合物种，无法产生原真性种子；有些物种就没有种子，只能无性繁殖。其他还包括一些雌雄异株物种的雄性个体和稀有植物，由于过度放牧导致濒临灭绝。离体保存为这些物种的保存提供了途径。此外，离体培养技术提供了一种整合脱毒和快速无性繁殖的种质资源保存技术，因此为种质资源的安全交换和分发提供了重要方式。

很多温带和热带起源物种的中期保存常常会用到缓慢生长保存技术，其中包括作物（如马铃薯、山药和木薯）以及稀有和濒危物种。种质资源可以在不进行继代培养的情况下，保存几个月到2～3年，具体取决于所使用的技术和种质资源的基因型。

离体种质库与其他类型种质库的原则是通用的，包括：种质的身份，生活力的维持，保存和更新过程中遗传完整性的维持，种质健康的维持，收集品的物理安全，种质的可用性、分发和利用，信息的可用性，以及积极主动的管理（粮农组织，2014）。

离体保存可分解为一系列相互关联的操作（图1）。本手册介绍了离体种质库每个操作环节的关键实践活动[①]（表1）。它概述了离体种质库常规操作流程（图2），并支持《种质库标准》的应用（粮农组织，2014）[②]。本手册按离体种质库工作流程的顺序详细介绍了离体种质库标准的内容，以促进《种质库标准》更广泛地应用。各离体种质库可以在本手册中描述的操作基础上，制定标准操作程序（SOPs）（国际热带农业研究所，2012）和质量管理系统（QMS）（CGIAR种质库平台，2021），用于种质资源保存并细化每项活动。

本手册仅就种质库离体保存的复杂步骤和决策提供了一般性指导。每个种

① 实践活动应遵循《种质库标准》中的最佳做法。

② 文中提及的所有标准均出自粮农组织《种质库标准》。

质库都有自己的特殊情况，对特殊保藏品的有效管理需要在经验基础上认真考虑和调整程序。对于本手册中所述工作环节的详细技术规范，种质库工作人员可能需要查阅更多信息，部分可参见本手册的参考文献。

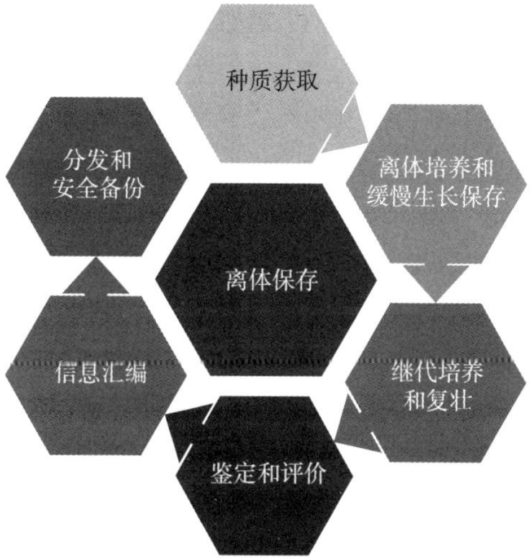

图 1　离体保存的主要操作环节

表 1　离体种质库的基本原则及相关操作环节

离体种质库原则	离体种质库操作汇总
种质的身份	收集和登记护照信息 确定植物学分类 编制永久和唯一的种质编号，并在所有记录中使用 仔细处理种质，避免混杂，在离体种质库操作以及实验室、田间、温室、网室中要对所有样品进行标记和追踪
生活力的维持	在收集、处理、建立离体培养和缓慢生长保存、更新和运输过程中遵循最佳做法，并优化时间 优化离体培养和缓慢生长保存条件，定期监测植株健康状况 必要时进行继代培养和复壮
遗传完整性的维持	确保收集和保存的样品能尽可能代表原始群体 在收集、处理、建立离体培养和缓慢生长保存、继代培养和复壮中遵循最佳做法 评估遗传稳定性
种质健康的维持	必要时采取检疫措施 在收集、处理、建立离体培养和缓慢生长保存、更新和运输过程中遵循最佳做法 在实验室、田间、温室、网室中监测和控制污染

（续）

离体种质库原则	离体种质库操作汇总
种质的物理安全	制定和实施风险策略 在适宜的地方建设和维护离体种质库基础设施 种质安全备份和复份保存
种质的可用性及其利用	根据法律和植物检疫要求获取和分发种质 确保充足的库存数量和高效的分发 向接收者提供种质相关资料
信息的可用性	建立离体种质库信息管理系统 定期备份种质的护照信息和管理数据 尽可能地向外部用户提供种质护照信息和其他相关数据
离体种质库的主动管理	制定并向工作人员提供标准操作程序 离体种质库操作过程中产生的数据和信息可供管理人员和工作人员使用 雇用受过良好培训的工作人员，并采取职业安全和健康措施加以保护 通过必要的培训，不断提高离体种质库工作人员的能力

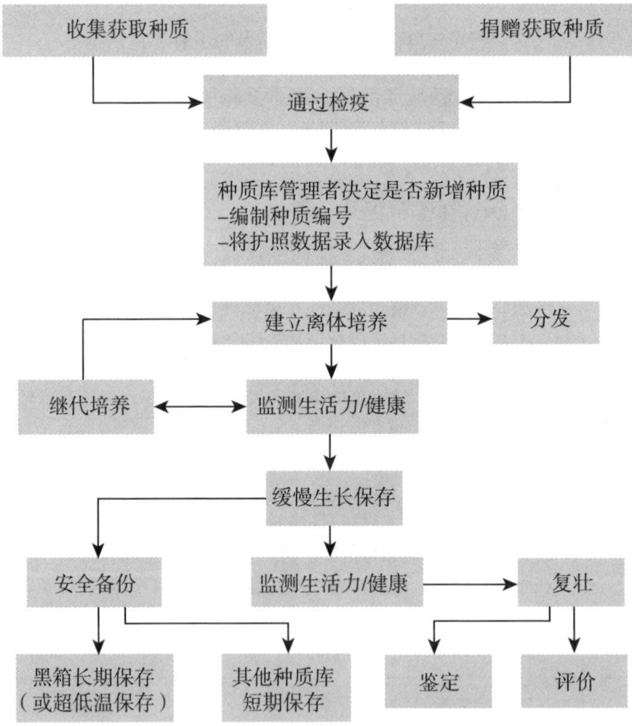

图 2　离体保存种质资源流动示意

注：每个步骤都需要准确的信息记录。

采集椰子，印度尼西亚

2 种质资源获取

建议离体种质库制定适用的种质资源获取的书面政策和程序，包括遵守法律、植物检疫以及其他规章和要求①。

✓依据机构的种质资源获取政策决定是否将种质资源纳入离体种质库收集品中。

制定获取政策能够确保收集品可管理，并满足用户的需求（Guarino、Rao 和 Reid，1995）。

- 离体种质库管理者在决定获取新种质资源前，可以与育种家、植物学家以及其他科学家进行交流讨论。研究机构也可以设立一个专门的或一般性的作物咨询委员会。
- 在做决策的过程中，应考虑收集品或受赠样品的健康和生活力状况、护照数据信息的可用性（分类学信息、种质来源等）以及样品的独特性（以避免非必要的重复）。

✓种质资源获取要通过合法途径，并随附所有相关文件。②

种质资源获取要遵守国家和国际法规，如植物检疫法、《粮食和农业植物遗传资源国际条约》（简称《条约》）或《生物多样性公约》（CBD）对遗传资源获取的规定（粮农组织，2014）。

- 离体种质库应就种质资源获取问题与《条约》缔约方的国家协调中心或其他主管部门进行沟通。

✓离体种质库对每一份新样品赋予一个永久且唯一的种质编号。

一旦管理者决定接收样品入离体种质库，该样品将会被赋予一个唯一的种质编号。

- 也可以向《条约》秘书处申请数字对象标识符(DOI)（粮农组织，2021a)。在离体种质库处理全过程中，种质编号和 DOI 都将与该种质资源的其他所有处理信息资料一起被保留。

---

① 参见图 3：种质资源获取环节各项活动工作流程概要图。

② 《种质库标准》6.1.1。

- 如果受赠种质已被捐赠组织赋予了一个种质编号或 DOI，请将其作为替代标识符保留在护照数据中。这是确保信息数据能与种质一一对应的关键手段。

✓加入离体种质库的种质资源都附有粮农组织/生物多样性中心多作物护照数据描述符概述的相关数据①。

无论是从收集任务获取还是其他机构捐赠，建议所有样品都应附有粮农组织/生物多样性中心多作物护照数据描述符（Alercia、Diulgheroff 和 Mackay，2015）中详细说明的相关数据。

- 数据必须要与每份种质明确关联，例如可以通过使用种质编号或 DOI。

✓所有数据，包括相关的元数据，都应进行记录、验证并上传到离体种质库信息管理系统。

考虑使用电子设备以避免抄写错误，且便于上传。或使用不褪色墨水笔（或铅笔）记录数据，字迹必须清晰可辨。使用条形码标签和条形码读码器有助于种质管理，并且可以减少人为错误。

2.1 通过收集任务获取种质

✓根据机构的任务制定明确的种质资源收集任务策略。

必须在收集任务之前设定收集的优先级别。建议拟订收集方案，明确说明收集任务的目的、目标地点和方法。建议：

- 对已收集资源和未收集资源摸清家底以防重复，并在此基础上制定明确的收集任务策略。
- 与收集地区的研究机构或专家开展合作，遵守该地区关于收集方面的规定。
- 提前做好任务计划，确保最佳做法并符合有关规定和要求。

✓种质收集要通过合法途径获取，并附上所有相关文件②。

种质获取过程要遵守国家和国际法规。下列信息可以协助确保遵守这些法规：

- 当涉及种质获取相关问题时，离体种质库应与相关指定机构沟通。
- 在其他国家进行种质收集时，可能需要联系《条约》缔约方的国家协调中心或其他指定的种质获取机构。
- 对于在离体种质库所在国进行种质收集时，可能有必要与国家主管部门联系，确保了解并遵守国家和地方法规。

---

① 《种质库标准》6.1.2。

② 《种质库标准》6.1.1。

- 从原生境自然居群收集作物野生近缘种或半驯化种质，必要时需获得国家、地区或地方主管部门的许可批示。
- 当从农田、农民仓圃或社区，包括一些自然生境，收集种质资源时，必要时需根据相关国家、地区或国际法律法规确定的事先知情同意书（PIC）和双方同意条款（MAT）（《生物多样性公约》，2018）。

✔离体种质库应遵守国家、地区、国际植物检疫法以及有关当局的其他进口法规和要求①。

当种质资源被转移时，存在随宿主植物样品意外引入植物病虫害的风险。下列步骤可能有助于降低这类风险，并确保符合规定和要求：

- 在别国收集的种质，应获得提供国的植物检疫证书以及离体种质库所在国家有关当局的进口许可证（《国际植物保护公约》，2021）。
- 如果需要，将收集样品转移到离体种质库之前，要通过相关的检疫程序。
- 根据国家植物检疫部门的建议，在封闭或隔离区域处理收集样品。

✔将收集任务安排在成熟/生长的最佳时期，从明显健康、没有病虫害或其他损害的植株上收集繁殖体。

无论是营养繁殖体还是顽拗性种子（或其果实），如果离体种质库工作人员不了解收集物种，可能需要聘请当地专家，以确保样品的质量和生活力。应避免收集任何物种的晚季顽拗性种子。尽可能在自然脱落情况下，从母株上收集完整果实，且各果实成熟状态一致。避免从地上捡起已掉落的果实，尤其是出现损伤或风蚀现象。收集鳞茎、块茎和木本物种要考虑季节性因素。

✔从适当数量的单株植物上收集繁殖体/外植体②，同时避免因收集导致自然种群的枯竭。

可以考虑根据目标物种的繁育系统，确定种群中要采样的植株数以及繁殖体的类型和大小［国际农业研究磋商组织全系统遗传资源项目（SGRP - CGIAR），2011］。

- 如可能，异花授粉的物种至少收集 30 棵植株，自花授粉的物种至少收集 60 棵植株。
  - ○收集顽拗性种子，与正常性种子相比，收集的样品量通常有限。但应尽量最大限度地增加目标群体的遗传多样性。
  - ○对于根茎和块茎类，每份样品至少收集 4 个繁殖体，如果该物种的培养技术不成熟，则需要收集更多（Dansi，2011）。
  - ○如果收集木本茎部，需增加样品量，以避免因消毒灭菌过程中出现任何问题

① 《种质库标准》6.1.1。
② 《种质库标准》6.1.3。

甚至造成损失。建议每株植物 5～10 个扦插或繁殖体（Thompson，1995）。

- 收集离体培养样品是收集和运输种质资源的替代方法，特别适用于无性繁殖的物种和那些具有顽拗性种子或胚退化迅速的物种。然而，仍需尽量缩短运输时间。
  - ○离体培养的外植体通常使用 70%的乙醇进行表面消毒，然后用含有约 3%有效成分的次氯酸钠（NaClO）或商业漂白剂进行消毒。也可以使用含 0.5%～2%次氯酸钙的稀溶液代替消毒。消毒后，通常会将外植体修剪成最终尺寸以进行运输，包括去除因灭菌溶液渗透切面而造成的坏死组织。参见 Pence 和 Engelmann（2011）有关离体培养种质收集技术的更多指导。

✓收集的样品要贴上标签，在处理过程中不能混杂。

如可能，在样品包装上使用不褪色墨水笔或机打标签（最好有条形码）来标记样品。最好是在包装袋内外都放置标签，如果种子或样品不干燥，需要保护内部标签不变质。建议记录每份样品的所有收集编号和其他必要信息。

✓收集的种质资源应附有粮农组织/生物多样性中心多作物护照数据描述符概述的相关数据①。

标准化的收集表，有助于收集每份样品的相关数据。给每份样品一个收集编号，以便将样品与收集信息相关联。可考虑收集以下信息：

- 收集种质在种间和种内水平分类鉴定信息，如可能，收集植物种群类型、生境和生态环境、收集地的土壤状况、全球定位系统坐标和照片图像，以便种质管理者和使用者了解其原始背景情况。
- 将每份样品按照粮农组织/生物多样性中心多作物护照数据描述符，详细描述每份样品的相关数据（Alercia、Diulgheroff 和 Mackay，2015；插文 1）。

➲ 插文 1　最基本的护照数据

收集表中至少应包括以下信息：

- 收集号
- 收集机构名称和代码
- 分类学名称，尽可能详细和准确
- 常用作物名称
- 收集地点位置
- 收集地点纬度
- 收集地点经度
- 收集地点海拔
- 收集日期
- 生物学状态（野生、杂草、地方品种等）

① 《种质库标准》6.1.2。

- 若是从农田或农民仓囤收集的种质，则要收集种质的来源、传统知识、文化习俗等方面信息。
- 对于从种群（例如野生物种）获取的任何植物标本馆标本，需使用与所收集样品相同的收集号，并将其与数据库中的种质登记号相关联。

✓尽可能缩短从收集到处理再到移交至离体种质库之间的时间，以防止种质的损失和变质①。

顽拗性种子对干燥和冷害敏感。水分流失会缩短保存寿命。无性系样品也不能长时间保持活力，营养繁殖体很容易腐烂，而且腐烂速度很快。在热带国家，高温和高湿环境、运输可能困难的地区、缓慢和不确定时间的运输都是巨大挑战。在这种情况下，必须特别注意确保样品避免暴露在光照下，并始终存放在阴凉处。

✓选择包装材质和运输方式，确保种质能够安全和及时地交付。

为确保种质以良好状态到达离体种质库，通常要考虑信息汇编处理所需时间、装运（转运）时间和环境条件（温度和湿度）。以下因素可以降低种质收集后的丧失风险：

包装

- 采取预防措施，避免运输过程中出现真菌感染或昆虫侵害风险。
  - ○如果已观察到并能准确识别害虫，可在包装前施用农药。避免任何不必要的化学处理，因为这可能对收集的样品有害②。如果进行了处理，则需在每个包装和随附文件中进行声明。
- 对于顽拗性种子，重要的是在收集和运输过程中维持保存容器内的相对湿度（RH）来保持含水量。
  - ○如可能，顽拗性种子最好在果实内运输，既可以保护种子又可以避免脱水。
  - ○对于果实非常大或果实在运输过程中容易损坏的物种，在包装前收集种子，并通过表面消毒尽量减少真菌增殖。
- 接穗最好用无菌棉或其他合适的材料，包装在有孔的塑料袋中，以确保充分的空气交换。
- 使用坚硬防震信封或绝缘包装，保护样品不被机械邮件分拣机压碎和变质（如肉质果）。
- 如可行，试管苗是种质运输的安全方式。试管苗样品应放置在无菌透明防

① 《种质库标准》6.1.4。

② 许多顽拗性种子植物的果实，即使看不见，也沾染了真菌。因此，必须在运输前进行表面消毒。

水密封塑料瓶中，并密封包装在盒子或纸箱中，但不要太紧，可用纸团或聚苯乙烯材料以防止冲击。

运输

- 对于长时间的公路运输，可能需要定期进行通风处理，以防生活力丧失。
- 尽可能使用最快的运输方式，如空运或快递，避免暴露在不利的环境条件下和样品质量劣变。
- 如可能，持续跟踪包裹，以确保离体种质库工作人员做好收到种质后就可以处理样品的准备。
- 对于某些作物，如芭蕉和可可，通过非产地第三国的过境或检疫中心运输种质，可能是最佳解决方案。

✔**所有种质都需在指定的接收区（如植物健康部门）接受是否有损伤和污染的检查，并且采取不会改变种质生理状态的方式进行处理**①**。**

- 低质量或受污染的样品不能直接在田间种植。
- 消毒灭菌，例如用表面消毒剂处理样品，用于去除所有黏附的微生物，同时考虑到在包装和运输之前进行去污处理。
- 必要时采取检疫措施。

2.2 通过转让、捐赠获取种质

✔捐赠的种质是合法获取的，并附有所有相关文件②。

- 如果捐赠机构来自《条约》签署国，且捐赠的种质属于《条约》附件 1 所列的作物或物种（粮农组织，1995），则必须使用标准材料转让协议（SMTA）（粮农组织，2021b，2021c）。
- 如果捐赠机构来自非《条约》缔约方国家，或者种质不在附件 1 的范围内，尽管 SMTA 可以使用，但通常还是使用材料转让协议（MTA）[亚洲蔬菜研究发展中心（AVRDC），2012]。
- 如果种质捐赠机构、育种家或其他种质提供者没有材料转让协议，离体种质库最好准备一份捐赠协议，详细说明将种质转移到离体种质库的条件。

✔**捐赠的种质资源应附有粮农组织/生物多样性中心在多作物护照数据描述符中概述的相关数据**③**。**

---

① 《种质库标准》6.1.5。

② 《种质库标准》6.1.1。

③ 《种质库标准》6.1.2。

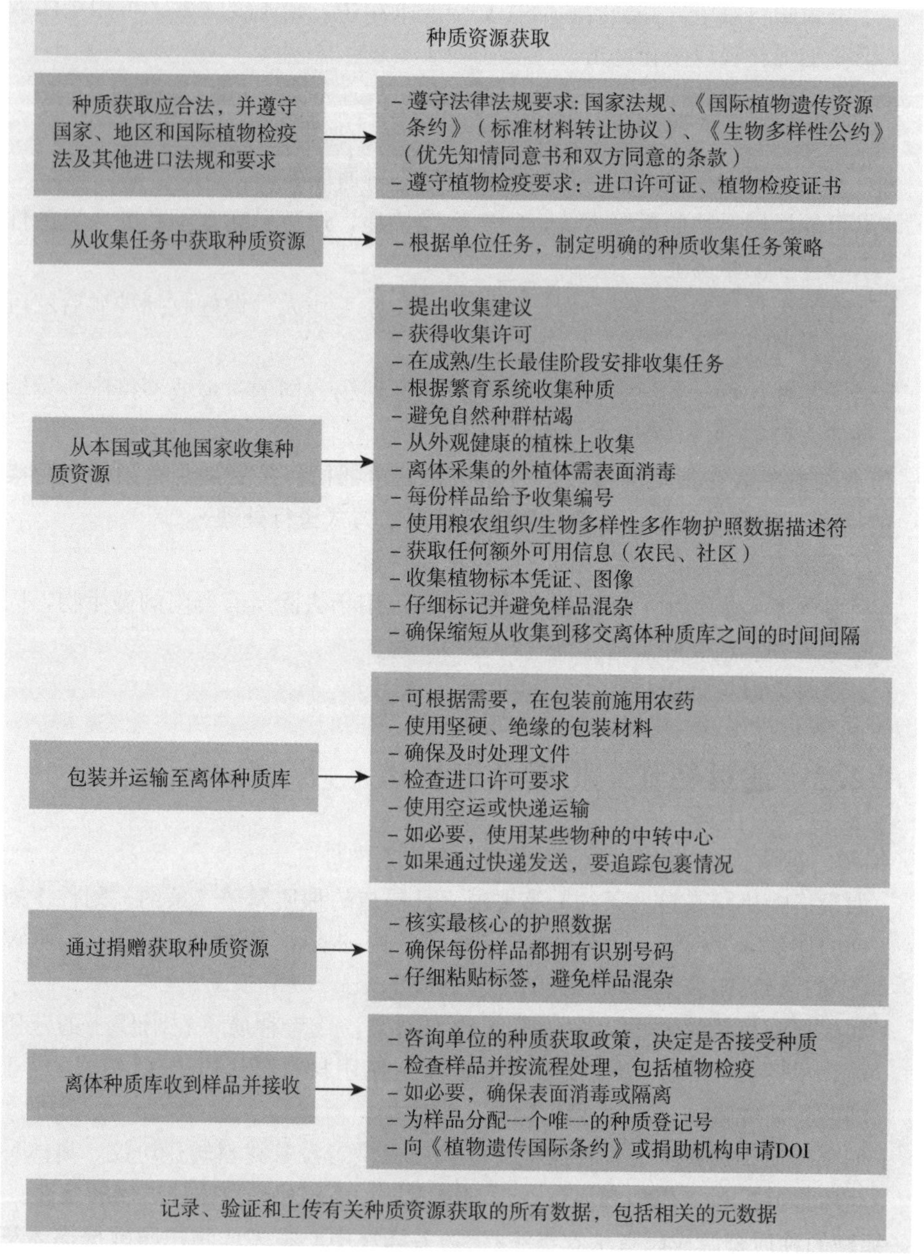
种质资源获取
种质获取应合法，并遵守国家、地区和国际植物检疫法及其他进口法规和要求
- 遵守法律法规要求：国家法规、《国际植物遗传资源条约》（标准材料转让协议）、《生物多样性公约》（优先知情同意书和双方同意的条款）
- 遵守植物检疫要求：进口许可证、植物检疫证书
从收集任务中获取种质资源
- 根据单位任务，制定明确的种质收集任务策略
从本国或其他国家收集种质资源
- 提出收集建议
- 获得收集许可
- 在成熟/生长最佳阶段安排收集任务
- 根据繁育系统收集种质
- 避免自然种群枯竭
- 从外观健康的植株上收集
- 离体采集的外植体需表面消毒
- 每份样品给予收集编号
- 使用粮农组织/生物多样性多作物护照数据描述符
- 获取任何额外可用信息（农民、社区）
- 收集植物标本凭证、图像
- 仔细标记并避免样品混杂
- 确保缩短从收集到移交离体种质库之间的时间间隔
包装并运输至离体种质库
- 可根据需要，在包装前施用农药
- 使用坚硬、绝缘的包装材料
- 确保及时处理文件
- 检查进口许可要求
- 使用空运或快递运输
- 如必要，使用某些物种的中转中心
- 如果通过快递发送，要追踪包裹情况
通过捐赠获取种质资源
- 核实最核心的护照数据
- 确保每份样品都拥有识别号码
- 仔细粘贴标签，避免样品混杂
离体种质库收到样品并接收
- 咨询单位的种质获取政策，决定是否接受种质
- 检查样品并按流程处理，包括植物检疫
- 如必要，确保表面消毒或隔离
- 为样品分配一个唯一的种质登记号
- 向《植物遗传国际条约》或捐助机构申请DOI
记录、验证和上传有关种质资源获取的所有数据，包括相关的元数据

图 3　种质资源获取环节各项活动工作流程概要图

- 建议要求捐赠者提供样品时，同时提供粮农组织/生物多样性中心多作物护照数据描述符详述的相关数据（Alercia、Diulgheroff 和 Mackay，2015；插文 1）。

✔ **离体种质库要遵守国家、地区和国际植物检疫法以及其他有关部门关于进口的所有法规和要求。**

当种质被转移时，有可能会随寄主样品意外引入植物病虫害。以下步骤有助于降低此类风险，同时确保符合法规和要求：

- 来自其他国家的种质，要获得提供国的植物检疫证书，以及离体种质库所在国家有关当局的进口许可证（《国际植物保护公约》，2021）。
- 如需要，在样品转移到离体种质库之前，要通过相关的检疫程序。
- 根据国家植物检疫部门的建议，在封闭或隔离区域进行扩繁。

✔ **所有种质都需在指定的接收区（如植物健康部门）接受是否有损伤和污染的检查，并且采取不会改变种质生理状态的方式进行处理**[①]**。**

- 低质量或受污染的样品不能直接在田间种植。
- 消毒灭菌，例如用表面消毒剂处理样品，用于去除所有黏附的微生物，同时考虑到在包装和运输之前进行去污处理。
- 必要时采取检疫措施。

① 《种质库标准》6.1.5。

植物种质资源中心种质库，越南

3 离体培养和缓慢生长保存

建议离体种质库制定适用的离体培养和缓慢生长保存的书面政策和程序，包括外植体身份鉴定、离体诱导培养、继代培养和复壮、培养基组成以及光照和温度控制[①]。

离体培养

✓**根据物种特性，明确外植体离体初始培养和增殖的培养基组成。**

可能需要进行文献综述，研究目标基因型或任何相关物种，是否已经建立了离体培养条件。在大多数情况下，需要对已发表的技术进行优化，或者对文献没有报道的类群研发新技术。

✓**通过文献或实验，明确特定属或物种适宜的外植体类型和离体诱导培养的最佳时间（母株的生长阶段和生理年龄）。**常用于离体培养的外植体类型包括：茎段、顶端分生组织、根、子叶、胚、叶盘、叶片、花梗、叶柄、花药、子房等。

✓**外植体未被已知的病害和微生物污染。**

为确保生活力和不带病害，应考虑以下做法：

- 从茁壮健康的母株中获取外植体。
- 对母株进行检测以确定是否存在已知病毒。
  - ○研发酶联免疫吸附测定（ELISA）、聚合酶链式反应（PCR）、逆转录PCR（RT-PCR）和基于非放射性核酸杂交探针（NASH）技术等常规检测技术，通过验证成为常规测试（Selvarajan 等，2009）。
- 进行表面消毒，去除田间种植或温室种植种质外植体（离体）上的污染。
  - ○例如使用漂白剂溶液、热水处理和水溶臭氧进行灭菌（Umber 等，2020）。
- 将外植体转移至利于微生物生长的检测培养基，尽早明确污染，并对受污染的培养物进行处理或脱毒（Reed 和 Tanprasert，1995；Reed 等，

① 参见图 4：离体培养和缓慢生长保存环节各项活动工作流程概要图。

2004)。

- 如需要，从受病毒感染的植物中再生离体植株，并使用多种化学或热脱毒技术获得无病毒样品，然后再进行长期保存。

✓一旦离体初始培养成功，种质资源就需要为正常生长（在适宜生长条件）或缓慢生长保存而进行增殖。

离体培养物可作为用于分发和增殖的无菌样品，也可以作为超低温保存的外植体样品。定期监测以及安全清除和处理受污染样品十分重要。

研究或分发需要对所选种质进行快速扩繁。需要注意的是，增殖率很大程度上取决于种质资源的基因型，并受培养基组成（特别是细胞分裂素浓度）、外植体大小、培养物年龄和培养瓶大小的影响（SGRP - CGIAR，2010a）。

✓任何出现体细胞无性系变异的培养物都应被丢弃。

发生体细胞无性系变异是因为无性系再生植株及其对应母株的离体培养产生的遗传或表观遗传变异（Leva 和 Rinaldi，2017）。离体培养过程中发生体细胞无性系变异，对用于分发种质无性系样品的快速扩繁产生负面影响，如发生这种情况培养物应被丢弃。

✓按照离体种质库的做法，培养容器上应贴有清晰的标签。

标签上的信息包括种质编号、离体培养日期和数量（种质的切段数）。

缓慢生长保存

✓针对目标物种，需优化缓慢生长的保存条件[①]。

可能需要查看文献综述，研究目标物种或基因型或相关物种是否已经确定了缓慢生长的保存条件。如果没有这些信息，则必须通过实验来确定这些条件。标准规程已公开出版，可用于指导[②]。缓慢生长保存的条件可能包括：

- 物理方面的生长限制，包括：(a) 低温；(b) 弱光、限制光周期；(c) 最小的储存空间；(d) 最低浓度氧气；(e) 渗透（水分）胁迫。
- 化学方面的生长限制，包括：(a) 生长调节剂延缓；(b) 生长抑制剂。
- 营养成分的限制，包括：(a) 大量营养素水平低；(b) 微量营养素水平低。
- 避免愈伤组织和其他异常，如玻璃化和体细胞无性系变异。
  - ○保存完整的离体植株或茎段[③]，可以避免玻璃化的发生。
  - ○避免发生玻璃化的方法，例如：使用含有 5 -苄基腺嘌呤（BA），及激动素（Kin）或噻苯隆（TDZ）的培养基（Badr - Elden 等，2012），并

---

① 《种质库标准》6.4.1。

② 参见“更多信息和文献部分”。

③ 《种质库标准》6.4.2。

优化 NH_4^+/NO_3^- 的比例（Ivanova 和 Van Staden，2009；El－Dawayati 和 Zayed，2017）。

○避免在培养基中过量使用生长调节剂，可以减少保存过程中后期愈伤组织形成的可能性，从而最大限度地降低体细胞无性系变异风险。避免过多的继代培养也可以降低体细胞无性系变异风险。

✓从未经过多次继代培养的幼嫩组织作为种质进行保存，以尽量减少变异的可能。

由于离体培养物的保存能力很大程度上取决于培养物的初始质量，因此鼓励采取以下做法：

- 在缓慢生长保存之前，需直观评估每份培养物的状态，可使用以下标准：生活力、没有受到真菌和细菌污染、没有萎黄病、没有变黑或组织坏死等指标。
- 立即清理受污染和低质量的培养物。
- 若发现所涉培养物都低于标准，即至少不满足上述一项标准，应将培养物在新培养基上培养繁殖。

✓需直观评估每份培养物的状态，选取最佳的生长条件，包括生活力、真菌和细菌污染、萎黄病、变黑、组织坏死、玻璃化和黄化等指标。

对于大多数基因型，最佳保存条件是最大程度限制生长的条件。在采用的保存条件下，并非所有的种质资源和基因型都能起到同样的保存效果。对于耐寒物种，保存条件通常在 0～5℃；许多热带物种，可以忍受的最低温度通常在 15～20℃。

✓确定保存的复份数。

每份种质必须保存足够数量的复份数，以确保维持遗传完整性①，考虑的因素包括：(a) 成本；(b) 潜在风险（风险越大，样品数越多）；(c) 继代培养间隔期以及缓慢生长条件如何影响扩繁潜力（保存后可用于扩繁的茎段数、节数）；(d) 收集的目的（短期或长期）。如果一份种质每次继代培养的复份数量较少，并且是用于短期保存的，则需要的复份数量比只用于备份库保存的数量更多。

✓按照离体种质库的做法，培养容器上应贴有清晰的标签。

标签上的信息包括种质编号、离体培养日期和数量（种质的节段数）。

✓开展定期监测，检测并清除发生变异的离体培养物，包括体细胞无性系变异、污染、玻璃化等②。

---

① 《种质库标准》6.4.2。

② 《种质库标准》6.4.3。

✓离体培养和缓慢生长保存的所有数据，包括相关的元数据，都应进行记录、验证并上传到离体种质库信息管理系统。

需要考虑的数据包括：外植体类型；外植体培养、离体诱导培养的日期；诱导培养、建立体系的培养基；增殖培养基；生根培养基；缓慢生长保存培养基；缓慢生长保存的复份数；离体培养和缓慢生长保存的状态指标；继代培养次数和继代培养间隔时间；以及特殊的生长状态，例如保存过程中形成愈伤组织、发生玻璃化的可能性。可使用电子设备以避免抄写错误，且便于上传到离体种质库信息管理系统。使用不褪色的墨水笔（或铅笔）记录数据，字迹要清晰可辨。使用条形码标签和条形码读码器有助于种质管理，并且可以减少人为错误。

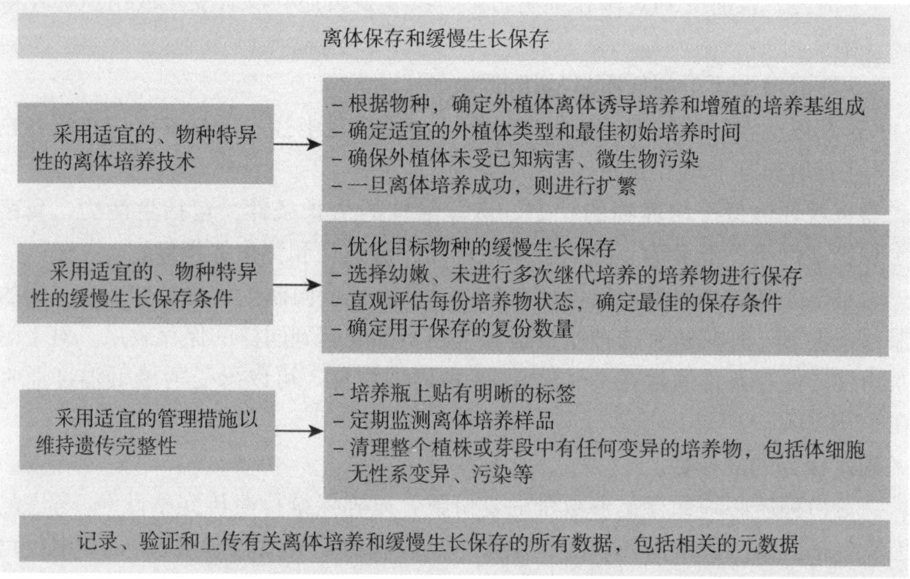

图4　离体培养和缓慢生长保存环节各项活动工作流程概要图

离体保存种质资源的继代培养，印度园艺研究所

4　继代培养和复壮

建议离体种质库制定适用的关于继代培养和复壮的书面政策和程序，包括监测、继代培养、驯化锻炼、田间移苗等①。

✓定期监测离体培养和缓慢生长保存的库存和样品健康状况。

理想情况下，离体种质库信息管理系统，应包括内置的自动化工具，用于检查库存数量和植株健康状况，以及标识出需继代培养和复壮的种质资源。要考虑到实际因素，以避免处理过多的种质资源。

继代培养

✓在保存周期结束时，当种质资源发生明显的退化或库存数量变少时，需要增殖或安全备份时，进行继代培养。

应定期监测种质资源是否发生坏死。在保存周期结束时，最好将新的培养物在适宜的条件下放置一小段时间，在下一个保存周期前促进其再生长。考虑种质资源的安全，谨慎的做法是将前一次继代培养的一些活力强、健康的培养物保留作为“备用样品”，直到新继代培养的培养物健康生长。

✓定期评估遗传稳定性，可采用直观评估方式，以及转移到田间进行形态学观察或采用细胞学或分子技术。

应开发一个对质量、生活力、遗传稳定性和污染进行监测的系统。一旦样品保存了一段时间，就应使用定量和定性监测指标评估种质资源的生活力，并确定进行继代培养的时间。

复壮

✓确定需要复壮的培养物（将种质资源转移到温室和田间，然后重新进行离体诱导培养）。

老化且经多次继代的培养物需要进行复壮。开展复壮的时间将取决于基因型和离体培养条件。

---

① 参见图 5：继代培养和复壮环节各项活动工作流程概要图。

• 通常，根据实验（或从文献中已知的）确定阈值。阈值是特定基因型的培养物在实验过程中出现活力明显下降或培养物老化的数量。
• 如果培养物数量达到此阈值，则应将种质转移到温室或田间进行复壮，再重新进行离体诱导培养。

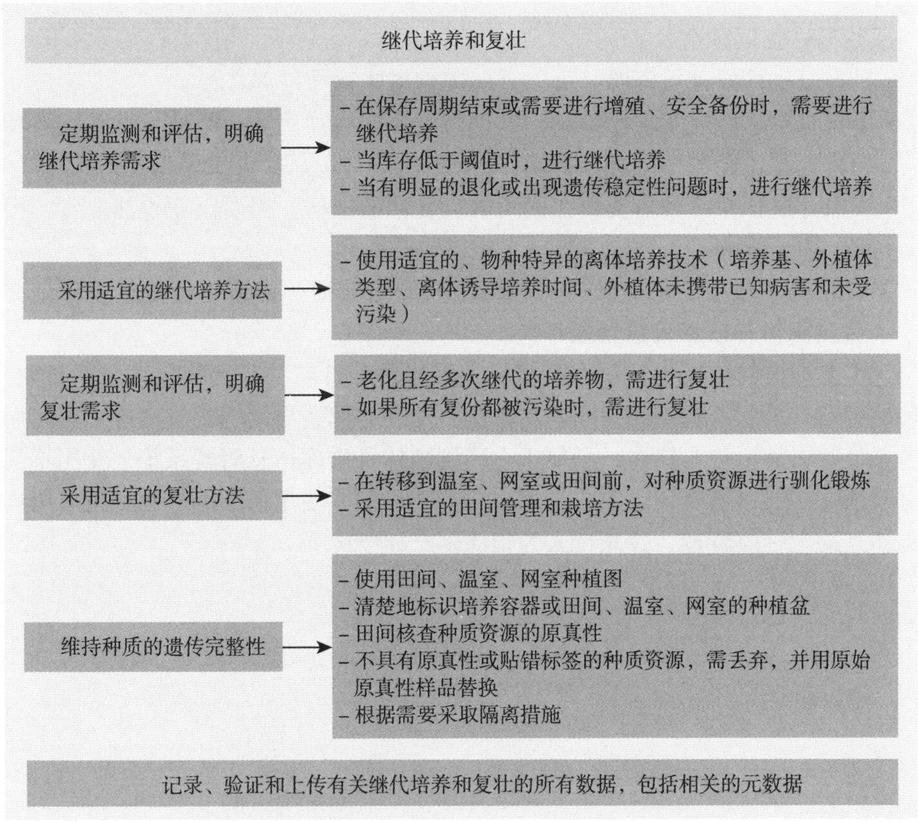

图 5　继代培养和复壮环节各项活动工作流程概要图

✓如果所有的复份都受到污染，需要对其进行复壮或消毒灭菌处理。

可以使用 70%的乙醇进行表面消毒，然后使用次氯酸钠进行灭菌（通常含有约 3%活性氯的商业漂白剂），也可以使用替代灭菌剂，如含 0.5%～2%次氯酸钙的稀释溶液。

✓选定的种质资源在转移到温室或田间前，要经过驯化锻炼过程。

在转移到田间条件前，环境的逐步变化称为驯化锻炼，包括在温室环境中初次种植盆栽。建议采取的做法包括：

• 选择根部和地上部系统发达的植株进行驯化锻炼。
• 在种植盆栽前，清除根部的培养基。

- 使用无菌土壤或种植基质。

✔ **采用适宜的田间管理和栽培方法。**

✔ **采用最佳程序尽可能降低种质资源遗传完整性丧失风险。**

具有与原始基因型相同特征的种质资源被认为是具有原真性的。通过与原始种质形态和分类特征进行对比，评估原真性。理想情况下，种质资源在田间与原始母株临近种植。

- 具有原真性的种质资源，可以重新进行离体诱导培养。
- 不具有原真性或发现标签贴错的种质资源，必须丢弃，并从母株获取原始的具有原真性的样品进行替换。
- 在保存过程中，种质资源在田间进行复壮的植株，需要重新检测病毒，因为植株可能已受感染。

✔ **继代培养和复壮的所有数据，包括相关的元数据，都应进行记录、验证并上传到离体种质库信息管理系统。**

需要考虑的数据包括：库存情况、继代培养日期、开始驯化锻炼的日期、种植日期、采用的温室和田间栽培方法、重新离体诱导培养的日期等。可使用电子设备以避免抄写错误，且便于上传到离体种质库信息管理系统。使用不褪色墨水笔（或铅笔）记录数据，字迹要清晰可辨。使用条形码标签和条形码读码器有助于种质管理，并减少人为错误。

评价离体保存的菠萝种质资源，太平洋作物与树木中心，斐济

5 鉴定和评价

推荐离体种质库制定适用于种质鉴定和评价的书面政策和程序，分步指导说明包括：取样技术、实验设计、使用的描述符（分类学、形态学、表型学、生物化学、营养学、生理学和分子层面）以及数据采集和验证方式[①]。

✓尽可能快地对尽可能多的种质资源进行鉴定和评价。

理想情况下，应尽快对所有种质资源进行鉴定和评价，以最大程度发挥种质资源的作用。工作人员必须在离体培养和田间工作数据记录和评价方面受过良好培训。实际上，离体种质库通常只能对种质的一部分进行评价。因此，应与国家或国际研究组织、不同农业生态环境区域的田间试验站以及国家或地区遗传资源协作网站的成员开展合作。如果分发的种质资源是用于评价的，建议应要求接收方反馈数据，并录入离体种质库信息管理系统。

✓多数性状的鉴定和评价都需要将种质资源从离体培养条件取出。

种质资源从离体培养条件取出，在温室或田间获得鉴定和评价数据。如果分发的种质资源是用于评价的，建议应要求接收方反馈数据，并录入离体种质库信息管理系统。

✓在离体条件下对某些易于筛选的特征进行评价，例如耐盐性和耐旱性。

首先应建立离体条件和田间条件的评价数据之间的相关性。

✓应对种质的一系列高度可遗传的形态特征进行鉴定，而且不同物种的特定鉴定程序需基于标准化和经校正的测量格式和类别，并尽可能采用国际通用的描述符清单。

使用标准化的作物描述符清单以及经校正和标准化的测量格式，有助于不同国家和不同研究单位之间的数据比较[②]。已经制定了许多作物描述符清单，例如国际生物多样性中心（2018）、国际植物新品种保护联盟（UPOV，2011）、美国国家植物种质资源系统（USDA－ARS，2021）。如果某个物种缺乏现成的描述符清单，建议使用国际生物多样性中心的作物描述符清单研发指

① 参见图 6：鉴定和评价环节各项活动的工作流程概要图。

② 《种质库标准》5.6.3。

南（国际生物多样性中心，2007）。需要考虑以下几方面内容：

- 使用同一田间地块里的对照种质以方便评定打分。
- 如有必要，可以使用植物标本和尽可能高清数字凭证图像来指导真实性识别，包括分类学鉴定和必要时进行核实。
- 观察记录种质的遗传同质性或遗传异质性。
- 为了获得同一份种质的不同植株间的变异信息，对于变异性比较高的物种，需对单株进行测量而不是对地块进行测量。

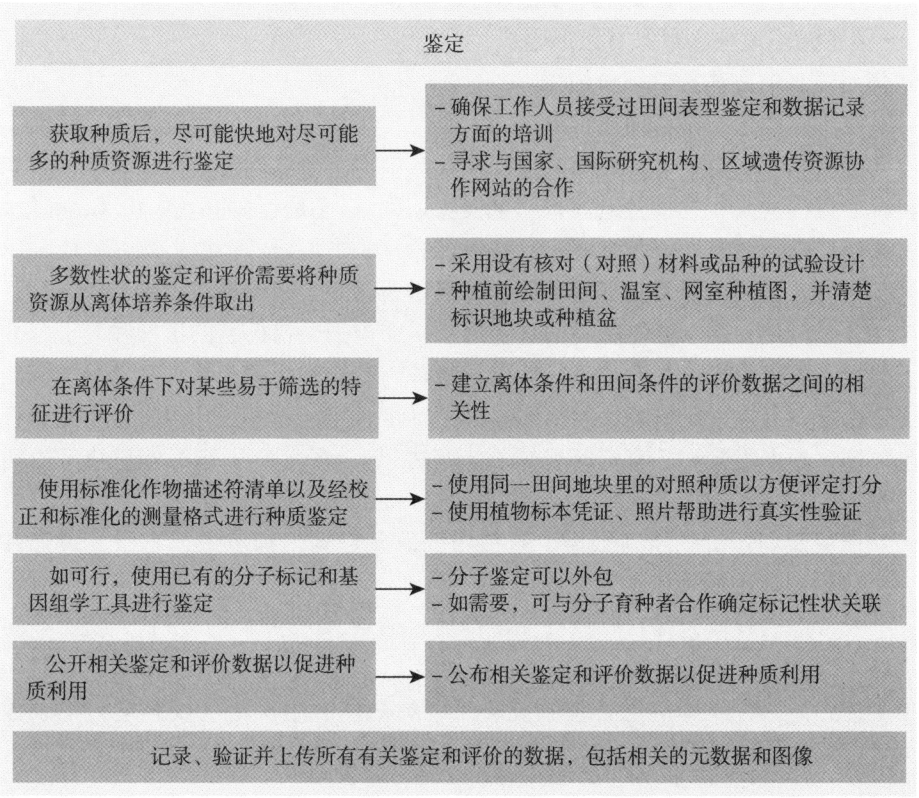

图 6　鉴定和评价环节各项活动的工作流程概要图

✔设置重复试验设计，并进行多环境和多年评价[①]。

像产量和株高这类在评价中需要测量的性状，大多是由多基因控制的数量遗传性状，在评价期间性状的测量受环境影响很大。因此，更难测量。由于基因型与环境之间（G×E）的互作效应强，诸如产量性状及其组成部分具有地

① 《种质库标准》5.7.3。

点特异性。最佳做法包括：

- 在统计设计中应定义和识别对照种质或品种，并要延续使用，因它们有助于不同地点和年份间的数据比较。
- 与植物育种家和其他专家，例如病毒学家、昆虫学家、真菌学家、植物病理学家、化学家、分子生物学家和统计学家一起确定需要评价的性状，需检测的样品，以及实施的试验设计。
- 使用适宜的筛选方案，确保所用方案国际通用。
- 创建种植前已绘制的田间种植图的纸质版和电子版档案。
- 清楚标识地块（最好有条形码）。

✓使用适当的方法提供评价数据。

使用标准化的作物描述符清单，以及经校正和标准化的测量格式，有助于不同国家和不同研究单位之间的数据比较。根据测量法确定数据是离散值（如病害严重程度或非生物胁迫症状严重程度评分），还是连续值（如长度、高度、质量）。

✓如可行，使用分子标记和基因组学工具进行鉴定，以补充表型鉴定。

分子标记有助于确保植物的真实性，帮助识别贴错标签的植株和复份。分子标记还可以用来检测遗传多样性以及物种内和物种间的亲缘关系。分子标记比较稳定，可以用于检测所有组织。分子标记技术包括基于 DNA 的标记和直接测序。根据需要和已有资料选择最佳方法[①]。分子鉴定工作可外包给专门实验室。

✓种质鉴定和评价的所有数据，包括相关的元数据，都应进行记录、验证并上传到离体种质库信息管理系统。

要考虑的数据包括：测量的描述符及其结果、记录日期、负责人员、实验室技术（分子技术等）和实施日期。可使用电子设备，以避免抄写错误，且便于上传到离体种质库信息管理系统。使用不褪色的墨水笔（或铅笔）记录数据，字迹要清晰可辨。使用条形码标签和条形码读码器便于种质管理，并且可以减少人为错误。

✓公开相关鉴定和评价数据。

选择性地向离体种质库、国家、地区和全球范围的潜在的种质资源使用者公开数据，有助于促进种质利用（见“信息汇编”章节）。因此，强烈建议公布鉴定和评价数据。

① 在网上和纸质书上均能查到大量关于分子标记技术方面的资料。参见“更多信息和文献”。

生成条形码，世界农用林业中心

6 信息汇编

建议离体种质库制定适用于管理离体种质库数据和信息的书面政策和程序，包括数据共享指南[①]。

✓专门开发离体种质库信息管理系统，或者使用、改编现有的某个系统。

理想的离体种质库信息系统应能够管理有关种质离体保存与利用的所有数据和信息，包括护照、离体培养和缓慢生长保存、更新、鉴定、评价和数据及元数据管理。应提供内置的自动化工具，用于检查库存数量和繁殖体、试管苗健康状况，以及标识出需更新的种质。

GRIN-Global是由美国农业部农业研究局、全球作物多样性信托基金、国际生物多样性中心开发的系统。利用该系统，离体种质库能够对植物遗传资源有关信息进行存储和管理，且可免费获取（GRIN-Global，2021）。类似系统还有亚洲蔬菜研究发展中心（AVRDC）蔬菜遗传资源信息系统（AVGRIS）（AVRDC，2021）、德国离体种质库信息系统（GBIS）（GBIS/I，2021）和巴西农业研究公司（Embrapa）Alelo系统（Embrapa，2021）。

✓采用国际数据标准，确保不同信息系统和项目计划间共享数据的一致性。

采用粮农组织/生物多样性中心多作物护照数据描述符（Alercia、Diulgheroff和Mackay，2015）记录种质护照信息数据，采用标准的、国际商定的、作物专用的描述规范记录种质鉴定和评价信息[②]，将有利于不同国家和机构间的数据交换和种质对比。理想情况下，离体种质库所有库存种质都应有护照数据[③]。

一个唯一的、永久的种质编号是正确信息管理和标识的关键。在不同信息系统和不同组织间进行信息共享时，也可以利用数字对象标识符（DOI）（Alercia、Diulgheroff和Mackay，2015；粮农组织，2021a），但DOI不能取代离体种质库唯一、永久的种质编号。

---

① 参见图7：信息汇编环节各项活动工作流程概要图。

② 参见“鉴定和评价”章节。

③ 《种质库标准》6.6.1。

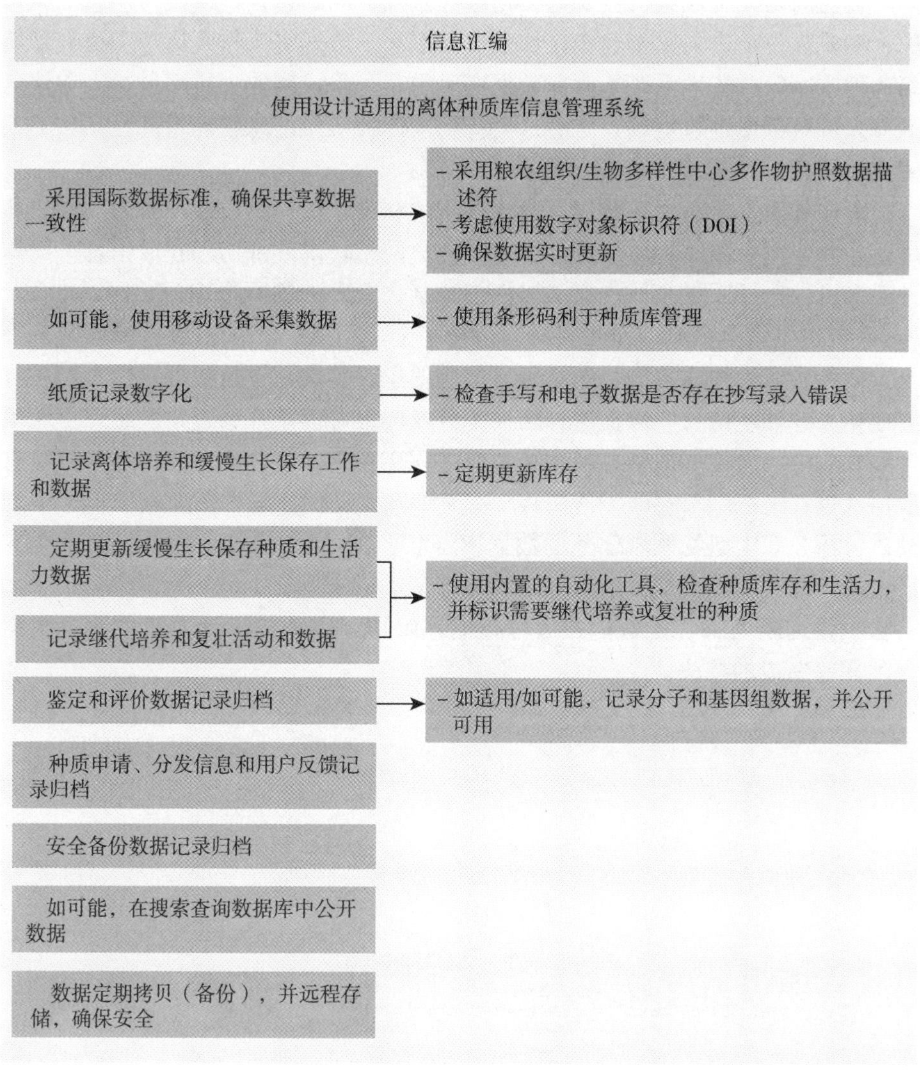
信息汇编
使用设计适用的离体种质库信息管理系统
采用国际数据标准，确保共享数据一致性
- 采用粮农组织/生物多样性中心多作物护照数据描述符
- 考虑使用数字对象标识符（DOI）
- 确保数据实时更新
如可能，使用移动设备采集数据
- 使用条形码利于种质库管理
纸质记录数字化
- 检查手写和电子数据是否存在抄写录入错误
记录离体培养和缓慢生长保存工作和数据
- 定期更新库存
定期更新缓慢生长保存种质和生活力数据
记录继代培养和复壮活动和数据
- 使用内置的自动化工具，检查种质库存和生活力，并标识需要继代培养或复壮的种质
鉴定和评价数据记录归档
- 如适用/如可能，记录分子和基因组数据，并公开可用
种质申请、分发信息和用户反馈记录归档
安全备份数据记录归档
如可能，在搜索查询数据库中公开数据
数据定期拷贝（备份），并远程存储，确保安全

图 7　信息汇编环节各项活动工作流程概要图

✓**使用移动设备采集数据。**

使用条形码便于离体种质库管理，特别是文件资料记录归档。

✓**纸质记录数字化，并采取相关措施检查手写和电子数据是否存在抄写录入错误。**

✓**与种质保护和利用相关的所有数据和信息，包括图像和元数据，需经审核并上传到离体种质库信息管理系统**[①]**。**

---

① 《种质库标准》6.6.3。

重要的是让工作人员接受数据记录和录入方面的培训，以便与信息汇编人员、种质收集负责人紧密合作，加强质量控制。最好有工作人员专项负责管理离体种质库信息管理系统，确保数据实时更新。建议离体种质库负责人和信息汇编人员对数据进行审核，之后再上传到离体种质库信息管理系统。

✓在搜索查询数据库中公开数据。

离体种质库公布库存数据有利于种质的利用，可提高离体种质库的价值和声望。并非每个离体种质库都运维一个门户网站，供外部访问获取信息。离体种质库可以选择通过全球作物多样性信托基金管理的国际全球门户网站 Genesys 系统提供信息（全球作物多样性信托基金，2021）。Genesys 系统可共享来自全球种质库的种质数据，包括种质护照信息、鉴定和评价数据，以及种质收集地相关的环境信息，以促进种质资源分发。也可以选择通过粮农组织全球粮食和农业植物遗传资源信息及预警系统（WIEWS），公开种质库种质护照信息数据（粮农组织，2021d）。WIEWS 系统作为实现联合国可持续发展目标中的具体目标 2.5 中植物领域任务的数据库（联合国，2021），存储并发布了全球最大的异地收集种质护照信息（粮农组织，2021e）。

✓数据需定期复制（备份）并远程存储，以防止因火灾、计算机故障、数据泄露等造成的损失。

离体培养香蕉种质资源分发，国际蕉类种质交换中心

7 分　　发

建议离体种质库制定适用于种质分发的书面政策和程序，包括核查法律履行情况、植物检疫及其他法规和要求，转运前准备和转运后流程的分步指导，以及必要时向《条约》秘书处、国家联络点或其他指定授权机构报告[①]。

✓离体种质库要遵守国家、区域和国际法规和协议[②]。

种质资源分发过程受国家和国际法规的监管。当种质分发方面出现问题时，离体种质库应与指定机构进行沟通。以下信息有助于确保合规：

- 如果种质分发涉及其他国家，离体种质库应与《条约》秘书处、国家联络点或其他指定授权机构进行沟通。
- 如果离体种质库所在国为《条约》缔约国，提供的作物或物种已列入《条约》附件1（粮农组织，1995），分发用途与《条约》中的预期用途（粮食和农业领域研究、育种和培训）一致，需使用标准材料转让协议（粮农组织，2021b，2021c）。
- 如果离体种质库所在国不是《条约》缔约国，或种质未列入《条约》附件1，建议与种质接收方就种质资源分发相关的条款和条件达成协议，例如，包含种质或其衍生品的利用和后续共享、数据报告等。通常使用材料转让协议（AVRDC，2012），也可以使用标准材料转让协议。

✓为任何特定物种，制定试管苗分发数量政策。

离体种质库的样品分发，每份种质3～5株试管苗。如果提出申请时，库存数量太少且没有替代种质，需待更新后，重新提出申请时再提供。对于一些物种和某些用途，少量样品也足够。

✓如有可能，需评估种质接收方有管理离体种质的能力。

确保分发的种质得到有效利用是种质资源管理的重要内容。通常，一份简单的问卷就能为评估提供所需信息。

✓应分发高质量的种质资源。

---

① 参见图8：种质分发环节各项活动工作流程概要图。

② 《种质库标准》6.7.1。

如果所有复份都受到污染，可能需要对其进行复壮或脱毒处理。

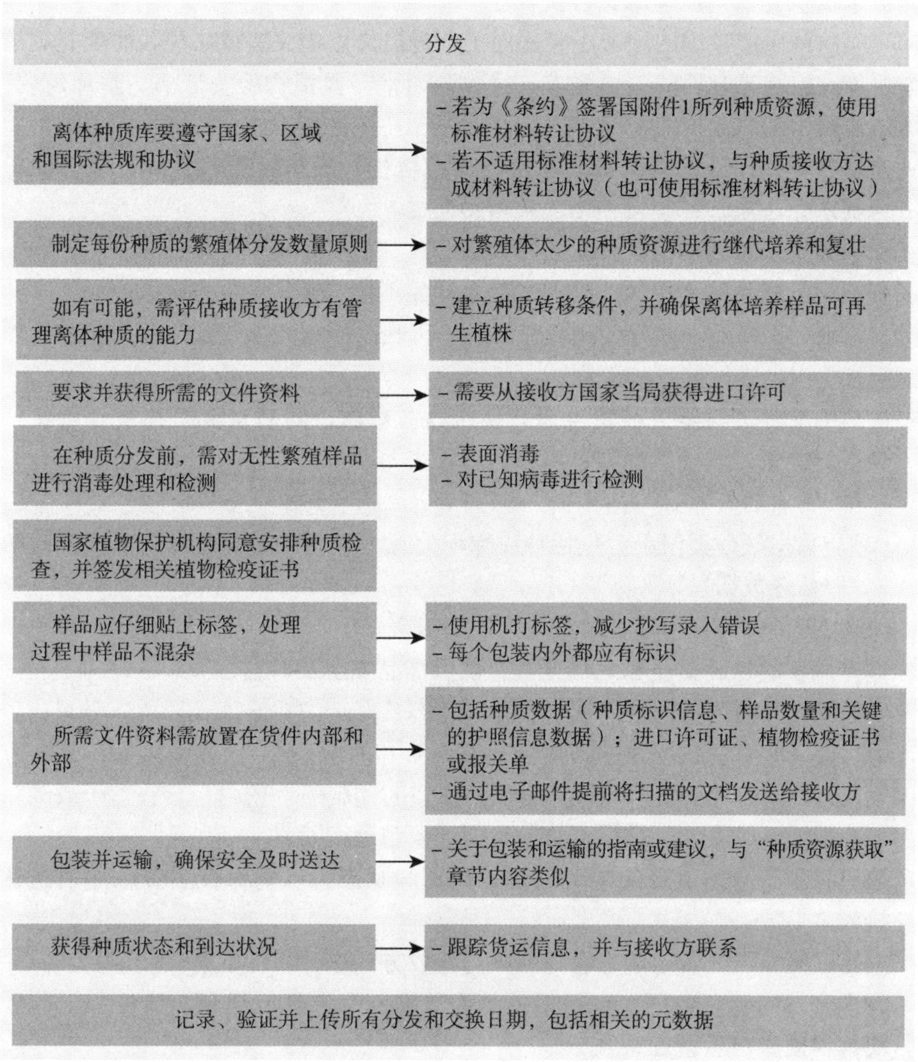
分发
离体种质库要遵守国家、区域和国际法规和协议
–若为《条约》签署国附件1所列种质资源，使用标准材料转让协议
–若不适用标准材料转让协议，与种质接收方达成材料转让协议（也可使用标准材料转让协议）
制定每份种质的繁殖体分发数量原则
–对繁殖体太少的种质资源进行继代培养和复壮
如有可能，需评估种质接收方有管理离体种质的能力
–建立种质转移条件，并确保离体培养样品可再生植株
要求并获得所需的文件资料
–需要从接收方国家当局获得进口许可
在种质分发前，需对无性繁殖样品进行消毒处理和检测
–表面消毒
–对已知病毒进行检测
国家植物保护机构同意安排种质检查，并签发相关植物检疫证书
样品应仔细贴上标签，处理过程中样品不混杂
–使用机打标签，减少抄写录入错误
–每个包装内外都应有标识
所需文件资料需放置在货件内部和外部
–包括种质数据（种质标识信息、样品数量和关键的护照信息数据）；进口许可证、植物检疫证书或报关单
–通过电子邮件提前将扫描的文档发送给接收方
包装并运输，确保安全及时送达
–关于包装和运输的指南或建议，与“种质资源获取”章节内容类似
获得种质状态和到达状况
–跟踪货运信息，并与接收方联系
记录、验证并上传所有分发和交换日期，包括相关的元数据

图 8　种质分发环节各项活动工作流程概要图

✔在离体种质库和种质接收方之间要建立样品转移的条件，并明确离体培养的种质可再生植株的适宜方法[①]**。**

种质接收者应有办法将样品转移到种植盆或田间。或者应与其他机构做出安排，以确保成功转移。离体种质库可以与种质接收方分享处理种质资源的信

① 《种质库标准》6.7.3。

息，以促进种质资源的使用。

✓要求提供并获得所需的文件资料。

应向种质接收国的国家主管部门了解进口许可相关法律法规，明确有关植物检疫及包装等方面的进口要求。接收国通常需要植物检疫证书、附加声明、赠与证明、无商业价值证明和进口许可证等文件材料。

✓主管当局或代理机构（即国家植物保护机构）安排检查或检测，以确保符合其法律法规，并签发植物检疫相关证书。

✓尽量缩短从收到申请到分发的时间。

✓仔细地给样品贴上标签，处理过程中样品不能混杂。

正确标识样品，最好使用机打标签，以减少抄写录入错误。每个包装内外都应有标识，确保能正确识别。

✓需要的文件资料要放在货件里方便接收方查阅，同时也要附在货件包装外供海关检查，以确保顺利过境和边境检查①。

在分发种质资源前，请扫描相关文件，并发送电子邮件或邮寄纸质版。包括：

- 种质数据（分类清单，包括种质标识信息、样品数量和重量，以及关键的护照信息数据）。
- 酌情提供进口许可证、植物检疫证书或报关单。

✓选择适宜的包装材质和运输方式，确保样品安全及时送达。

确保样品到达目的地离体种质库时状态良好，注意文件处理所需时间、装运期、过境时间和过境条件（热带国家高温和高湿条件）。离体培养样品，应放置在无菌防漏的塑料袋或无菌透明防水密封塑料瓶，密封包装在盒子或纸箱中，可用纸团或聚苯乙烯材料防撞，但不要包得太紧。

✓跟进种质资源抵达目的地时的运输情况和状态，以确保种质资源尽快送达接收方。

建议关注跟进货运信息，种质库与接收方跟进种质的状态和使用。

✓种质分发的所有数据，包括相关的元数据，都应进行记录、验证并上传到离体种质库信息管理系统

包括：申请者的姓名和地址、申请目的和申请日期；申请的样品、分发的样品、每份种质的试管苗数量；病毒检测方法；相关的植物检疫证书和标准材料转让协议或材料转让协议；以及货运日志和使用者的反馈。可考虑使用电子设备以避免抄写错误，且便于上传到离体种质库信息管理系统。使用不褪色的墨水笔（或铅笔）记录数据，字迹要清晰可辨。使用条形码标签和条形码读码器有助于种质管理，并减少人为错误。

---

① 《种质库标准》6.7.2。

国际蕉类种质交换中心，比利时

8 安全备份

建议离体种质库制定适用于种质安全备份的书面政策和程序，包括审查是否符合法律、植物检疫和其他法规和要求，以及转运前准备、转运后流程跟进和进度的分步指导[①][②]。

✓对每份原始种质，都应在较远的地方、在适宜的条件下、采用最佳方式，或者用替代的保存方法和策略，进行安全备份[③]。

安全备份的样品通常作为基础收集品存放在另一地点，通常在另一个国家。选择安全备份地点时，需考虑最大程度降低风险、尽可能提供最好条件，同时还要考虑有足够的设施、充足的人员和财力资金。安全备份地点应位于社会政治和地质环境稳定的区域。保存安全备份的种质库或研究所应有能力，为备份的种质提供适宜的田间环境或离体培养条件，样品也可以超低温保存在备份中心[④]。如何选择存放安全备份的机构并与其达成一致协议，十分重要。

✓送交离体种质库和接收离体种质库之间应达成法律协议，明确双方的责任，规定种质资源保存和管理的条款和条件。

对于尚未与其他种质库达成原始种质安全备份协议的离体种质库，应根据最适合的备份保存方式，考虑安全备份的最佳地点。

✓离体种质库应遵守法律、植物检疫和其他法规要求，且安全备份样品应附有相关信息。

为保障种质及时转运，在计划初期，就应与接收离体种质库充分讨论所需文件（种质库和送交国）、海关和检疫程序。

✓安全备份的样品应质量高、数量足。

送交人有责任确保样品质量。最佳做法包括：

- 确保安全备份样品干净、健康。

---

① 安全备份样品包括种质圃的植物、离体保存的试管苗或超低温保存的分生组织。

② 参见图 9：种质安全备份环节各项活动工作流程概要图。

③ 《种质库标准》5.10.4。

④ 《种质库标准》第 6 章。

- 必要时对样品进行复壮或去污处理。
- 确保安全备份样品数量充足，以避免丢失风险[①]。

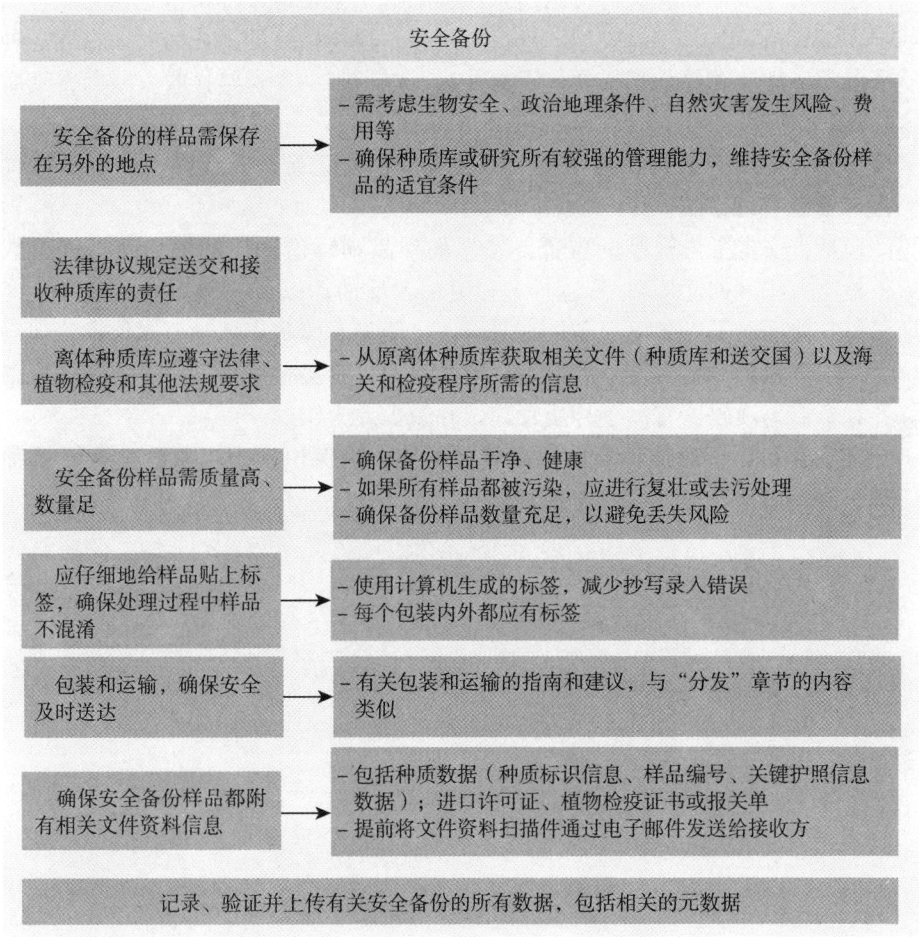
安全备份
安全备份的样品需保存在另外的地点
– 需考虑生物安全、政治地理条件、自然灾害发生风险、费用等
– 确保种质库或研究所有较强的管理能力，维持安全备份样品的适宜条件
法律协议规定送交和接收种质库的责任
离体种质库应遵守法律、植物检疫和其他法规要求
– 从原离体种质库获取相关文件（种质库和送交国）以及海关和检疫程序所需的信息
安全备份样品需质量高、数量足
– 确保备份样品干净、健康
– 如果所有样品都被污染，应进行复壮或去污处理
– 确保备份样品数量充足，以避免丢失风险
应仔细地给样品贴上标签，确保处理过程中样品不混淆
– 使用计算机生成的标签，减少抄写录入错误
– 每个包装内外都应有标签
包装和运输，确保安全及时送达
– 有关包装和运输的指南和建议，与“分发”章节的内容类似
确保安全备份样品都附有相关文件资料信息
– 包括种质数据（种质标识信息、样品编号、关键护照信息数据）；进口许可证、植物检疫证书或报关单
– 提前将文件资料扫描件通过电子邮件发送给接收方
记录、验证并上传有关安全备份的所有数据，包括相关的元数据

图 9 安全备份环节各项活动工作流程概要图

✔仔细地给样品贴上标签，确保处理过程样品不混杂。

重要的是确保标识正确，最好使用机打标签，以减少名称和数字的抄写录入错误。

✔选择适宜的包装材质和运输方式，确保安全及时送达。

确保种质到达目的离体种质库时状况良好，注意文件处理流程所需时间，种质装运期、过境时间和过境条件（热带国家高温和高湿条件）。有关包装和

---

① 建议每份离体种质安全备份至少 3～5 个复份或样品。

运输的指南和建议与种质分发的相关内容类似（见“分发”章节）。

✓ **每份安全备份样品都应附有相关文件资料信息[①]。**

建议随件附上相关文件资料信息，明细清单包括种质标识信息、关键护照数据、试管苗总数、容器类型、进口许可证、植物检疫证书或海关。在发送种质资源前，需注意提前扫描文件资料并通过电子邮件发送给接收方或邮寄纸质复印件。

✓ **安全备份的所有数据，包括相关元数据，都应记录、验证并上传到离体种质库信息管理系统。**

包括：安全备份样品的位置，发送的样品和每份种质的备份及试管苗数量；检测方法（如适用）；货运日志和使用者反馈；以及法律协议、植物检疫证书等。使用电子设备以避免抄写错误，且便于上传到离体种质库信息管理系统。使用不褪色的墨水笔（或铅笔）记录数据，字迹要清晰可辨。使用条形码标签和条形码读码器有助于种质管理，并减少人为错误。

✓ **定期审查和更新离体种质库信息管理系统，确保识别出尚未安全备份的种质，并适时准备进行安全备份。**

---

① 《种质库标准》6.8.5。

种质库工作人员，国际热带农业研究所

9 人员和安全

人员

建议离体种质库制定人员策略，包括继任计划，确保年度经费预算并定期审计[①]。

✓**离体种质库的人力资源计划有年度预算支持，工作人员需具备承担离体种质库工作所需的关键知识、技能、经验和资格。**

种质库管理需要训练有素的工作人员，并明确种质管理的职责[②]。应考虑以下几点：

- 根据实际情况，对离体种质库管理者和承担特定任务的工作人员，定期审查和更新适用的标准操作程序（SOPs）。
- 确保管理者和技术支撑人员具备农业、园艺和栽培植物及其野生近缘种分类等方面的知识和技能。
- 能够接触到分类学、生理学、植物病理学、育种学和群体遗传学等学科和技术专家。
- 定期举办在职培训班，并在可能的情况下，确保工作人员能够定期参加培训，以了解最新发展情况。
- 轮换岗位，使工作尽可能多样化，在可能的情况下，让员工参与会议和讨论。
- 表彰和奖励优秀员工，以留住有能力的员工。

✓**人员风险管理：包括风险识别、分析和管理。**

安全保存取决于对风险的准确评估和适当管理（见“附录”）。因此，所有离体种质库都应制定和实施风险管理策略，处理工作人员、种质资源和相关信息所在日常环境中的物理和生物风险。

---

① 参见图10：人员和安全环节各项活动工作流程概要图。

② 《种质库标准》6.8.3。

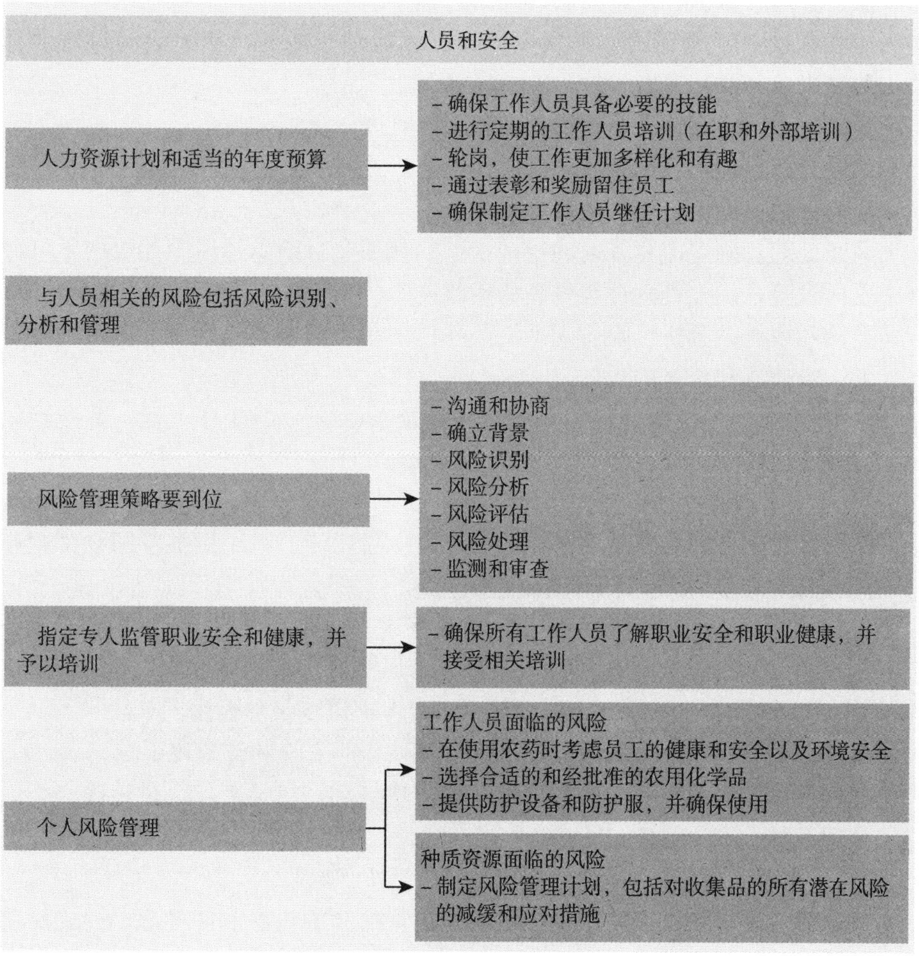

图 10　人员和安全环节各项活动工作流程概要图

安全：

建议离体种质库制定书面的风险管理策略，包括处理断电、火灾、洪水、地震、战争和内乱的措施①。依据不断变化的情况和新技术，应定期审查和更新管理策略及其行动方案。

✔风险管理策略到位

风险管理策略包括以下组成部分（SGRP－CGIAR，2010b）：

• 沟通和协商：确保所有参与实施风险管理系统的人员都了解该系统的概

① 《种质库标准》6.8.1。

念、方法、术语、文件要求和决策过程。

- 确立背景：考虑到离体种质库的目标、活动、任务，相关活动运作的环境，以及利益相关者。
- 风险识别：对离体种质库操作的相关风险进行盘点。
- 风险分析：评估已识别风险的潜在影响（或后果）及其可能性（概率）。
- 风险评估：确定可接受的风险水平。
- 风险处理：确定需要采取的行动，以处理那些目前总体风险评级中不可接受的风险，优先处理评级最高的残留风险。
- 监测和审查：分析风险管理系统，并评估是否需要改进系统。应明确界定并记录监测和审查的责任。

✓离体种质库中需任命负责职业安全和健康（OSH）的工作人员，并接受职业安全和健康培训。

职业安全和健康涉及工作场所健康和安全的所有方面，并强调危害的初级预防①。多数国家都有职业安全和健康政策。国际劳工组织提供各国有关职业安全和健康的国别情况（国际劳工组织，2021）。

✓所有工作人员都应了解职业安全和健康要求，并实时了解相关政策更新。

建议让离体种质库所有工作人员都了解风险管理策略的细节，并清楚地了解实施、监测策略和行动方案的责任。需要考虑以下最佳做法：

- 确保在离体种质库中风险较高的区域张贴职业安全和健康规则。
- 通过在田间、温室和实验室环境开展定期培训，指导工作人员正确安全地使用设备。
- 选择合适的和国家批准的农用化学品以减少风险。
- 按照职业安全和健康要求，提供功能正常的防护设备和防护服，并确保定期检查和按要求使用。职业安全和健康主任负责安全设备保养。

① 《种质库标准》6.8.2。

德国莱布尼茨植物遗传与作物育种研究所，德国

10 基础设施和设备

本章主要介绍离体种质库的基础设施和设备（表 2）。离体种质库通常配备：(a) 基本的组织培养设备、生长室和辅助设施；(b) 专用保存设备，如培养箱和驯化锻炼室；(c) 用于种质原真性鉴定、状态和稳定性检测的显微镜、分析设备等；(d) 安全设备，如警报器和烟雾探测器。

在设计或修缮种质库设施时应考虑的因素包括：(a) 该设施的功能（活动收集、研究和长期保存）；(b) 预计保存种质的份数和能力；(c) 预期分发率；(d) 由于潜在的污染问题，特别是热带地区的当地气候；(e) 员工人数。

关于建立和运行离体种质库，可查询相关参考资料，详见“更多信息和文献”章节。需谨记，应规划设计运行和工作空间，以免种质资源和样品受到污染、丢失或错放。对洁净和污染区域进行物理隔离，控制污染和工作流程，使样品单向流动，从洁净度和安全性较低区域流动至较高区域。

表 2　离体种质库常规基础设施和设备（建议）

离体种质库操作和管理区
一般需求
办公空间和办公用品；计算机、打印机及其配件；气候数据记录仪；电子数据记录和条形码读码器的移动设备；科学和技术文献检索；互联网接入
种质资源获取
收集设备包括布袋或纸袋，保湿袋或容器，标签（最好带条形码），手持放大镜，剪刀，防水布，枝剪，包装材料，标本夹 采集数据表或电子数据记录表、GPS 或高度计等移动设备 简易干燥器、表面消毒剂、刀、镊子、手术刀、用于称量果实和种子的天平、用于在到达时记录样品的相机
离体培养和缓慢生长保存
高压灭菌器、pH 计、天平、蒸馏水装置、磁力搅拌器、水浴锅、自动移液器、玻璃器皿、化学品、层流气流超净工作台、玻璃珠灭菌器或酒精灯、冰箱或冰柜、体式显微镜、解剖仪器、培养基成分、不同培养容器、缓慢生长培养基组分、控温生长室、生长室内架子和灯、用于筛选污染物、抗生素、杀菌剂的培养基

（续）

离体种质库操作和管理区
继代培养和复壮
田间、温室、网室环境，用于离体植物复壮或评价表型变化的设备
鉴定和评价
根据需要，进入大田、实验室或温室区域 必要时，根据所记录的物种和待记录的性状，配备田间、实验室、温室、网室的设备和机械 种植盆、地块桩和标签（最好是条形码标签），带标签的布袋或其他适宜的容器 如可能，分子标记（RAPD、ISSR、SSR）分析仪器 电子数据记录用数据表或移动设备，条形码读码器
信息汇编
设计适用的数据库、离体种质库信息管理系统，需遵照粮农组织/生物多样性中心多作物护照描述符和其他数据标准，例如 GRIN－Global
数据库内置的自动化工具，监测保存数量和生活力、健康状况，标识需继代培养和复壮种质
数据备份和保存
分发和安全备份
用于离体种质分发的无菌塑料袋。热封塑料袋及封口机、标签（最好是条形码标签）、包装材质 电子数据记录用数据表或移动设备，条形码读码器
人员和安全
发电机，灭火设备，监控摄像头，警报系统，安全门 防护服和防护装备，如防尘口罩、手套和鞋类

11 参考文献

Alercia, A., Diulgheroff, S. & Mackay, M. 2015. *FAO/Bioversity Multi - Crop Passport Descriptors V. 2. 1* [*MCPD V. 2. 1*]. Rome, FAO and Bioversity International. 11p. http: //www. bioversityinternational. org/e - library/publications/detail/faobioversity - multi - crop - passportdescriptors - v21 - mcpd - v21/.

AVRDC (World Vegetable Center). . 2012. Material Transfer Agreement for Germplasm Accessions. Shanhua, Taiwan Province of China. Cited 29 October 2021. https: //avrdc. org/? wpfb _ dl=524.

AVRDC. 2021. Vegetable Genetic Resources Information System. Shanhua, Taiwan Province of China. Cited 29 October 2021. https: //avrdc. org/our - work/managing - germplasm.

Badr - Elden, A. M., Nower, A. A., Ibrahim, I. A., Ebrahim, M. K. H. & Elaziem, T. M. A. 2012. Minimizing the hyperhydricity associated with in vitro growth and development of watermelon by modifying the culture conditions. African Journal of Biotechnology, 11 (35): 8705 - 8717. http: //www. academicjournals. org/article/article1380809020 _ Badr - Elden%20et%20al. pdf.

Bioversity International. 2007. Guidelines for the development of crop descriptor lists. Bioversity Technical Bulletin Series. Rome. https: //www. bioversityinternational. org/index. php? id=244&tx _ news _ pi1%5Bnews%5D=1053&cHash=39138c10e405dcf0f918c6670c877b4f.

Bioversity International. 2018. Descriptors. Rome. Cited 29 October 2021. https: //www. bioversityinternational. org/e - library/publications/categories/descriptors/? L=0&cHash=2a5afb80deee509d79ba1b4e1f13e003.

CBD (Convention on Biological Diversity). 2018. Frequently asked questions on access and benefit - sharing (ABS) . Montreal, Canada. https: //www. cbd. int/abs/doc/abs - factsheet - faq - en. pdf.

CGIAR Genebank Platform. 2021. Quality Management. Bonn, Germany. Cited 29 October 2021. https: //www. genebanks. org/the - platform/quality - management/.

Crop Trust. 2021. Genesys. Bonn, Germany. Cited 29 October 2 021. https: //www. genesys - pgr. org/.

Dansi, A. 2011. Collecting vegetatively propagated crops (especially roots and tubers) . In: L. Guarino, V. Ramanatha Rao &E. Goldberg, eds. Collecting plant genetic diversity: Technical guidelines - 2011 update. Rome, Bioversity International. https: //cropgenebank.

sgrp. cgiar. org/index. php? option=com _ content&view=article&id=666.

El - Dawayati, M. M. & Zayed, Z. E. 2017. Controlling hyperhydricity in date palm in vitro culture by reduced concentration of nitrate nutrients. In: J. Al - Khayri, S. Jain & D. Johnson, eds. Date palm biotechnology protocols Volume I. Methods in molecular biology, pp. 175 - 183. New York, USA, Humana Press. https://doi. org/10. 1007/978 - 1 - 4939 - 7156 - 5 _ 15.

Embrapa. 2021. Alelo. Brasilia. Cited 29 October 2021. http://alelo. cenargen. embrapa. br/alelo _ en. html.

FAO (Food and Agriculture Organization of the United Nations). 1995. Annex I List of crops covered under the Multilateral System. Rome. https://www. fao. org/3/bc084e/bc084e. pdf.

FAO. 2014. Genebank Standards for Plant Genetic Resources for Food and Agriculture. Rome. http://www. fao. org/3/a - i3704e. pdf.

FAO. 2021a. Digital Object Identifiers (DOI). Rome. Cited 29 October 2021. http://www. fao. org/ plant - treaty/areas - of - work/global - information - system/doi/en/.

FAO. 2021b. The Multilateral System. Rome. Cited 29 October 2021. https://www. fao. org/plant - treaty/areas - of - work/the - multilateral - system/the - smta/en/.

FAO. 2021c. Easy - SMTA Homepage. Rome. Cited 29 October 2021. https://mls. planttreaty. org/itt/.

FAO. 2021d. WIEWS - World Information and Early Warning System on Plant Genetic Resources for Food and Agriculture. Rome. Cited 29 October 2021. https://www. fao. org/wiews/en/.

FAO. 2021e. WIEWS: Ex Situ (SDG 2. 5. 1) - Overview. Rome. Cited 29 October 2021. https://www. fao. org/wiews/data/ex - situ - sdg - 251/overvew/en/.

GBIS/I. 2021. GBIS - The information system of the German Genebank. Gatersleben. Cited 29 October 2021. https://www. denbi. de/services/349 - gbis - the - information - system - of - the - german - genebank.

GRIN - Global. 2021. The GRIN - Global Project. Fort Collins, USA. Cited 29 October 2021. https:// www. grin - global. org/.

Guarino, L. G., Rao, L. R. and Reid, V., eds. 1995. Collecting plant genetic diversity: Technical guidelines. CAB International. https://hdl. handle. net/10568/104265.

IITA (International Institute of Tropical Agriculture). 2012. Standard Operation Procedures (SOP) for IITA Seedbank. Ibadan, Nigeria. https://www. iita. org/wp - content/uploads/2017/SOP _ for _ IITA _ Seedbank. pdf.

ILO (International Labour Organization). 2021. Country profiles on occupational safety and health and labour inspection. Geneva, Switzerland. Cited 29 October 2021. https://www. ilo. org/global/topics/safety - and - health - at - work/country - profiles/lang—en/index. htm.

IPPC (International Plant Protection Convention). 2021. List of NPPOs of IPPC Contracting parties. Rome. Cited 29 October 2021. https://www.ippc.int/en/countries/nppos/list-countries/.

Ivanova, M. & Van Staden, J. 2009. Nitrogen source, concentration, and NH 4+: NO 3-ratio influence shoot regeneration and hyperhydricity in tissue cultured Aloe polyphylla. Plant Cell, Tissue and Organ Culture (PCTOC), 99 (2): 167-174. https://doi.org/10.1007/s11240-009-9589-8.

Leva, A. & Rinaldi, L. M. R. 2016. Somaclonal variation. In: B. Thomas, B. G. Murray & D. J. Murphy, eds. Encyclopedia of applied plant sciences, pp. 468-473. Waltham, USA, Academic Press, Elsevier.

Pence, V. C. & Engelmann, F. 2011. Collecting in vitro for genetic resources conservation. In: L. Guarino, V. Ramanatha Rao & E. Goldberg, eds. Collecting plant genetic diversity: Technica guidelines-2011 update. Rome, Bioversity International. https://cropgenebank.sgrp.cgiar.org/index.php/procedures-mainmenu-242/collecting.

Reed, B. M., F. Engelmann, M. E. Dulloo & Engels, J. M. M. 2004. Technical guidelines for the management of field and in vitro germplasm collections. IPGRI handbooks for genebanks No. 7. Rome, IPGRI. https://www.bioversityinternational.org/uploads/tx_news/Technical_guidelines_for_the_management_of_field_and_in_vitro_germplasm_collections_1016.pdf.

Reed, B. M. & Tanprasert, P. 1995. Detection and control of bacterial contaminants of plant tissue cultures. A review of recent literature. Plant Tissue Cult. Biotechnol., 1: 137-142. https://www.researchgate.net/publication/222714440_Detection_and_control_of_bacterial_contaminants_of_plant_tissue_cultures A review_of_recent_literature.

Selvarajan, R. A., Balasubramanian, V., Sheeba, M. M., Raj Mohan, R. & Mustaffa, M. M. 2009. Virus-indexing technology for production of quality banana planting material: a boon to the tissue-culture industry and banana growers in India. Acta Hortic., 897: 463-469. https://doi.org/10.17660/ActaHortic.2011.897.63.

SGRP-CGIAR (System-wide Genetic Resources Programme-CGIAR. 2010a. Crop Genebank Knowledge Base-Slow growth storage of banana germplasm. Rome. Cited 29 October 2021. https://cropgenebank.sgrp.cgiar.org/index.php/crops-mainmenu-367/banana-mainmenu-234/conservation-mainmenu-192/in-vitro-conservation/slow-growth-storage.

SGRP-CGIAR. 2010b. Crop Genebank Knowledge Base-Risk managementRome. Cited 29 October 2021. https://cropgenebank.sgrp.cgiar.org/index.php/management-mainmenu-433/risk-management-mainmenu-236.

SGRP-CGIAR. 2011. Crop Genebank Knowledge Base-Collecting plant genetic diversity: Technical guidelines. 2011 update. Rome. Cited 29 October 2021. https://cropgenebank.sgrp.cgiar.org/index.php? option=com_content&view=article&id=390&Itemid=557.

Thompson, L. 1995. Collecting woody perennials. In: L. Guarino, V. Ramanatha Rao &

R. Reid, eds. Collecting Genetic Plant Diversity: Technical Guidelines, pp. 485 - 509. Wallingford, UK, CAB International.

United Nations. 2021. SDG Indicators. Rome. Cited 29 October 2021. https://unstats.un.org/sdgs/metadata? Text=&Goal=2&Target=2.5.

Umber, M., Filloux, D., Gélabale, S., Gomez, R-M., Marais A., Gallet, S., Gamiette, F., Pavis, C., Teycheney, P-Y. 2020. Molecular viral diagnosis and sanitation of yam genetic resources: implications for safe yam germplasm exchange. Viruses, 12 (10): 1101. https://doi.org/10.3390/v12101101.

UPOV (International Union for the Protection of New Varieties of Plants). 2011. Descriptor lists. Geneva, Switzerland. Cited 29 October 2021. https://www.upov.int/tools/en/gsearch.html? cx=016458537594905406506%3Asa0ovkspdxw&cof=FORID%3A11&q=descriptor.

USDA-ARS. 2021. U.S. National Plant Germplasm System-Descriptors. Fort Collins, USA. Cited 29 October 2021. https://npgsweb.ars-grin.gov/gringlobal/descriptors.

12 更多信息和文献

一般性文献

Ebert, A. W. & Waqainabete, L. M. 2018. Conserving and sharing taro genetic resources for the benefit of global taro cultivation: a core contribution of the centre for Pacific crops and trees. Biopreservation and Biobanking, 16 (5): 361 - 367. https: //www. liebertpub. com/doi/full/10. 1089/bio. 2018. 0017).

Engelmann, F. 2012. Germplasm collection, storage and conservation. In: A. Altman & P. M. Hasegawa, eds. Plant biotechnology and agriculture, pp. 255 - 268. Oxford, UK, Academic Press.

Engels, J. M. M. & Visser, L. , eds. 2003. A guide to effective management of germplasm collections. IPGRI handbooks for genebanks No. 6. Rome, IPGRI. 165 p. https: //www. bioversityinternational. org/e - library/publications/detail/a - guide - to - effective - management - of - germplasm - collections/.

Greene, S. L. , Williams, K. A. , Khoury, C. K. , Kantar, M. B. & Marek, L. F. 2018. North American Crop Wild Relatives, Volume 1. Cham, Germany, Springer. https: //doi. org/10. 1007/978 - 3 - 319 - 95101 - 0.

IPK (Leibniz Institute) . undated. Mansfeld's World Database of Agriculture and Horticultural Crops. Gatersleben, Germany. http: //mansfeld. ipk - gatersleben. de/apex/f? p=185: 3.

Normah, M. N. , Kean, C. W. , Vun, Y. L. & Mohamed - Hussein, Z. A. 2011. In vitro conservation of Malaysian biodiversity - achievements, challenges and future directions. In vitro Cellular and Developmental Biology - Plant, 47: 26 - 36. https: //doi. org/10. 1007/s11627 - 010 - 9306 - 7.

Normah, M. N. , Narimah, M. K. & Clyde, M. M. , eds. In vitro conservation of plant genetic resources. Kuala Lumpur, Percetakan Watan Sdn Bdh.

Upadhyaya, H. D. & Gowda, C. L. 2009. Managing and Enhancing the Use of Germplasm - Strategies and Methodologies. Technical Manual No. 10. Patancheru, India, International Crops Research Institute for the Semi - Arid Tropics. 236 p.

USDA/ARS. 1994. Taxonomic information on cultivated plants in GRIN - Global. https: //npgsweb. ars - grin. gov/gringlobal/taxon/abouttaxonomy. aspx.

获取和分发

Bioversity International. 2009. Descriptors for farmers' knowledge of plants. Rome. https://cgspace. cgiar. org/handle/10568/74492.

Crop Genebank Knowledge Base. 2018. Distribution. http://cropgenebank. sgrp. cgiar. org/index. php? option=com _ content&view=article&id=59&Itemid=208&lang=english.

Crop Genebank Knowledge Base. 2018. Safe transfer of germplasm (STOG). https://cropgenebank. sgrp. cgiar. org/index. php/management - mainmenu - 433/stogs - mainmenu - 238.

Crossa, J. & Vencovsky, R. 2011. Basic sampling strategies: theory and practice. In: L. Guarino, V. Ramanatha Rao & E. Goldberg, eds. Collecting plant genetic diversity: Technical guidelines - 2011 update. Rome, Bioversity International. ISBN 978 - 92 - 9043 - 922 - 926. https://crop-genebank. sgrp. cgiar. org/index. php/procedures - mainmenu - 242/collecting.

Eymann, J., Degreef, J., HŠuser, C., Monje, J. C., Samyn, Y. & VandenSpiegel, D., eds. 2010. Manual on field recording techniques and protocols for all taxa biodiversity inventories and monitoringAbc Taxa, 331 - 653. http://www. abctaxa. be/volumes/volume -8 - manual - atbi.

Greiber, T., Peña Moreno, S., Ahrén, M., Nieto Carrasco, J., Kamau, E. C., Cabrera Medaglia, J., Oliva, M. J. & Perron - Welch, F. (in cooperation with Ali, N. & Williams, C.). . 2012. An Explanatory Guide to the Nagoya Protocol on Access and Benefit - sharing. Gland, Switzerland, IUCN. xviii+372 p. https://cmsdata. iucn. org/downloads/an _ explanatory _ guide _ to _ the _ nagoya _ protocol. pdf.

Guarino, L. G., Rao, L. R. & Reid, V. 1995. Collecting plant genetic diversity: echnical guidelines. Wallingford, UK, CAB International. https://www. bioversityinternational. org/e - library/publications/detail/collecting - plant - genetic - diversity/.

Hay, F. R. & Probert, R. J. 2011. Collecting and handling seeds in the field. In: L. Guarino, V. Ramanatha Rao & E. Goldberg, eds. Collecting plant genetic diversity: Technical guidelines - 2011 update. Rome, Bioversity International. https://cropgenebank. sgrp. cgiar. org/index. php? option=com _ content&view=article&id=655.

Lopez, F. 2015. Digital Object Identifiers (DOIs) in the context of the International Treaty. http:// www. fao. org/fileadmin/templates/agns/WGS/10 _ FAO _ gs _ activities _ ITPGRFA _ 20151207. pdf.

Mathur, S. B. & Kongsdal, O. 2003. Common laboratory seed health testing methods for detecting fungi. Bassersdorf, Switzerland, International Seed Testing Association.

Maya - Lastra, C. A. 2016. ColectoR, a digital field notebook for voucher specimen collection for smartphones. Applications in Plant Sciences, 4 (7). https://doi. org/10. 3732/apps. 1600035.

Moore, G. & Williams, K. A. 2011. Legal issues in plant germplasm collecting In: L. Guarino,

V. Ramanatha Rao & E. Goldberg, eds. Collecting plant genetic diversity: Technical guidelines - 2011 update. Rome, Bioversity International. https: //cropgenebank. sgrp. cgiar. org/index. php? option=com _ content&view=article&id=669.

Ni, K. J. 2009. Legal aspects of prior informed consent on access to genetic resources: An analysis of global law - making and local implementation toward an optimalnormative construction. Vanderbilt Journal of Transnational Law, 42: 227 - 278.

Pence, V. C., Sandoval, J., Villalobos, V. & Engelmann, F., eds. 2002. In vitro collecting techniques for germplasm conservation. IPGRI Technical Bulletin No 7. Rome. https: //cropgenebank. sgrp. cgiar. org/images/file/learning _ space/technicalbulletin7. pdf.

RBG (Royal Botanic Gardens). . 2014. Assessing a population for seed collection. Millennium Seed Bank Technical Information Sheet 02. Kew, UK. http: //brahmsonline. kew. org/Content/Projects/msbp/resources/Training/02 - Assessing - population. pdf.

RBG. 2014. Seed collecting techniques. Millennium Seed Bank Technical Information Sheet 03. Kew, UK. http: //brahmsonline. kew. org/Content/Projects/msbp/resources/Training/03 - Collecting - techniques. pdf.

RBG. 2014. Post harvest handling. Millennium Seed Bank Technical Information Sheet 04. Kew, UK. http: //www. anayglorious. in/sites/default/files/04 - Post%20harvest%20handling%20web _ 0. pdf.

Smith, R. D., Dickie, J. B., Linington, S. H., Pritchard, H. W. & Probert, R. J., eds. 2003. Seed conservation: turning science into practice. Kew, UK, Royal Botanic Gardens Sheppard, J. W. & Cockerell, V. 1996. ISTA handbook of method validation for the detection of seedborne pathogens. Basserdorf, Switzerland, ISTA.

Way, M. 2003. Collecting seed from non - domesticated plants for long - term conservation. In: R. D. Smith, J. D. Dickie, S. H. Linington, H. W. Pritchard & R. J. Probert, eds. Seed conservation: turning science into practice, pp. 163 - 201. Kew, UK, Royal Botanic Gardens.

Way, M. 2011. Collecting and recording data in the field: media for data recording. Crop Genebank Knowledge Base. https: //cropgenebank. sgrp. cgiar. org/index. php? option = com _ content&view=article&id=659.

离体培养和缓慢生长保存

Benson, E. E., Harding, K., Debouck, D., Dumet, D., Escobar, R., Mafla, G., Panis, B., Panta, A., Tay, D., Van den houwe, I. & Roux, N. 2011. Refinement and standardization of storage procedures for clonal crops - Global Public Goods Phase 2: Part I. Project landscape and general status of clonal crop in vitro conservation technologies. Rome, System - wide Genetic Resources Programme. http: //hdl. handle. net/10568/66354.

Cassells, A. C. & Doyle - Prestwich, B. 2009. Contamination detection and elimination in plant cell culture. Encyclopedia of Industrial Biotechnology, pp. 1 - 14. Wiley. https: //doi. org/

10. 1002/9780470054581. eib241.

Chin, H. F. 1996. Strategies for conservation of recalcitrant species. In: M. N. Normah, M. K. Narimah. & M. M. Clyde, eds. In vitro conservation of plant genetic resources, pp. 203 - 215. Kuala Lumpur, Percetakan Watan Sdn Bdh.

El - Dawayati, M. M. & Zayed, Z. E. 2017. Controlling hyperhydricity in date palm in vitro culture by reduced concentration of nitrate nutrients. In: J. Al - Khayri, S. Jain & D. Johnson, eds. Date palm biotechnology protocols Volume I, pp. 175 - 183. New York, USA, Humana Press. https: //doi. org/10. 1007/978 - 1 - 4939 - 7156 - 5 _ 15.

Jones, A. M. P. & Saxena, P. K. 2013. Inhibition of phenylpropanoid biosynthesis in *Artemisia annua* L. : a novel approach to reduce oxidative browning in plant tissue culture. PLoS One, 8 (10) . https: //doi. org/10. 1371/journal. pone. 0076802.

Leifert, C. & Cassells, A. C. 2001 Microbial hazards in plant tissue and cell cultures. In vitro Cellular & Developmental Biology, 37 (2): 133 - 138. https: //doi. org/10. 1007/s11627 - 001 - 0025 - y.

Leva, A. R. , Petruccelli, R. & Rinaldi, L. M. R. 2012. Somaclonal variation in tissue culture: a case study with olive. In: A. Leva & L. Rinaldi, eds. Recent advances in plant in vitro culture. https: //doi. org/10. 5772/52760.

Leva, A. R. & Rinaldi, L. M. R. 2017. Breeding genetics and biotechnology. In: B. Thomas, D. J. Murphy & B. G. Murray, eds. Encyclopedia of applied plant sciences. Academic Press. Murashige, T. & Skoog, F. 1962. A revised medium for rapid growth and bio assays with tobacco tissue culture. Physiologia Plantarum, 15: 473 - 497. https: //doi. org/10. 1111/j. 1399 - 3054. 1962. tb08052. x.

Nwauzoma, A. B. & Jaja, E. T. 2013. A review of somaclonal variation in plantain (Musa spp): mechanisms and applications. Journal of Applied Biosciences, 67: 5252 - 5260. https: //doi. org/10. 4314/jab. v67i0. 95046.

Onuoha, I. C. , Eze, C. J. & Unamba, C. I. N. 2011. In vitro prevention of browning in plantain culture. OnLine Journal of Biological Sciences, 11 (1): 13 - 17. http: //thescipub. com/pdf/10. 3844/ojbsci. 2011. 13. 17).

Pijut, P. M. , Woeste, K. E. & Michlet, C. H. 2011. Promotion of adventitious root formation of difficult - to - root hardwood tree species. In: J. Janick, ed Horticultural Reviews, 38, Wiley - Blackwell. https: //www. nrs. fs. fed. us/pubs/jrnl/2011/nrs _ 2011 _ pijut _ 002. pdf.

Rajasekharan, P. E. & Sahijram, L. 2015. In vitro conservation of plant germplasm. In: B. Bahadur, M. V. Rajam, L. Sahijram & K. V. Krishnamurthy, eds. Plant biology and biotechnology. Volume II: Plant genomics and biotechnology, pp. 417 - 443. New Delhi, Springer.

Reed, B. M. , Paynter, C. L. , Denoma, J. & Chang, Y. 1998. Techniques for medium - and long - term storage of Pyrus L. genetic resources. Plant Genetic Resources Newsletter, 115: 1 - 5. https: //www. ars. usda. gov/research/publications/publication/? seqNo115=88725.

Rival, A. , Ilbert, P. , Labeyrie, A. , Torres, E. , Doulbeau, S. , Personne, A. , Dussert,

S., Beulé, T., Durand - Gasselin, T., Tregear, J. W. & Jaligot, E. 2013. Variations in genomic DNA methylation during the long - term in vitro proliferation of oil palm embryogenic suspension cultures. Plant Cell Rep, 32: 359 - 368. http: //doi. org/10. 1007/s00299 - 012 - 1369 - y.

Rojas - Martinez, L., Visser, R. G. F. & De Klerk, G - J. 2010. The hyperhydricity syndrome: waterlogging of plant tissues as a major cause. Propagation of Ornamental Plants, 10 (4): 169 - 175. https: //www. researchgate. net/publication/241869171 _ The _ hyperhydricity _ syndrome _ Waterlogging _ of _ plant _ tissues _ as _ a _ major _ cause.

Schellenbaum, P., Mohler, V., Wenzel, G. & Walter, B. 2008. Variation in DNA methylation patterns of grapevine somaclones (Vitis vinifera L.) BMC Plant Biology, 8: 78. http: //doi. org/10. 1186/1471 - 2229 - 8 - 78.

Scowcroft, W. R. 1984. Genetic variability in tissue culture: impact on germplasm conservation and utilization. Report AGPG: IBPGR/84/152. Rome, International Board for Plant Genetic Resources.

Sedlak, J., Zidova, P. & Paprstein, F. 2018. Slow growth in vitro conservation of fruit crops. Acta Hortic., 1234: 119 - 124. https: //doi. org/10. 17660/ActaHortic. 2019. 1234. 15.

Sharma, P. K., Trivedi, R. & Purohit, S. D. 2012. Activated charcoal improves rooting in vitro derived Acacia leucophloea shoots. International Journal of Plant Developmental Biology, 6 (Special Issue 1): 47 - 50. http: //www. globalsciencebooks. info/Online/GSBOnline/images/2012/AAJPSB _ 6 (SI1) /AAJPSB _ 6 (SI1) 47 - 50o. pdf.

Sharma, S. K., Bryan, G. J., Winfield, M. O. & Millam, S. 2007. Stability of potato (Solanum tuberosum L.) plants regenerated via somatic embryos, axillary bud proliferated shoots, microtubers and true potato seeds: a comparative phenotypic, cytogenetic and molecular assessment. Planta, 226: 1449 - 1458. http: //doi. org/10. 1007/s00425 - 007 - 0583 - 2.

Sobhakumari, V. P. 2012 Assessment of somaclonal variation in sugarcane. African Journal of Biotechnology, 11 (87): 15303 - 15309. https: //www. ajol. info/index. php/ajb/article/view/130319.

Van den houwe, I., De Smet, K., Tezenas du Montcel, H. & Swennen, R. 1995. Variability in storage potential of banana shoot cultures under medium term storage conditions. Plant Cell Tissue and Organ Culture, 42: 269 - 274. https: //doi. org/10. 1007/BF00029998.

Van den houwe, I., Panis, B., Arnaud, E., Markham, R., & Swennen, R. 2006. The management of banana (Musa spp.) genetic resources at the IPGRI/INIBAP genebank: the conservation and documentation status, In: H. Segers, P. Desmet & E. Baus, eds. Tropical Biodiversity: Science, Data, Conservation, pp. 143 - 152. Proceedings of the 3rd GBIF Science Symposium, 18 - 19 April 2005, Brussels. https: //cropgenebank. sgrp. cgiar. org/images/file/learning _ space/bananapublication _ proceedings. pdf.

继代培养和复壮

Chandra, S., Bandopadhyay, R., Kumar, V. & Chandra, R. 2010. Acclimatization of tissue cultured plantlets: from laboratory to land. Biotechnology letters, 32 (9): 1199 - 1205. https: //doi. org/10. 1007/s10529 - 010 - 0290 - 0.

Debergh, P. C. 1991. Acclimatization techniques of plants from in vitro. Acta Hortic. , 289: 291 - 300. https: //doi. org/10. 176 60/ActaHortic. 1991. 289. 77.

Debergh, P. C. & Zimmerman, R. H. , eds. 1991. Micropropagation technology and application. Dordrecht, Netherlands, Springer.

Hazarika, B. N. 2003. Acclimatization of tissue - cultured plants. Current Science, 85 (12): 1704 - 1712.

Kane, M. E. 1996. Propagation from preexisting meristems. In: R. N. Trigiano & D. J. Gray, eds. Plant tissue culture concept and laboratory exercises. Boca Raton, USA, CRC Press. https: //doi. org/10. 1201/9780203743133.

Lucia, G. , Castiglione, M. R. , Turrini , A. , Ronchi, V. N. & Chiara, G. 2011. Cytogenetic and histological approach for early detection of "mantled" somaclonal variants of oil palm regenerated by somatic embryogenesis: first results on the characterization of regeneration system, Caryologia, 64 (2): 223 - 234. http: //doi. org/10. 1080/00087114. 2002. 10589787.

Marin, J. A. 2003. High survival rates during acclimatization of micropropagated fruit tree rootstocks by increasing exposures to low relative humidity. Acta Horticulturae, 616 (616): 139 - 142. DOI: 10. 17660/ActaHortic. 2003. 616. 13.

Menéndez - Yuffá, A. , Barry - Etienne, D. , Bertrand, B. , Georget, F. & Etienne, H. 2010. A comparative analysis of the development and quality of nursery plants derived from somatic embryogenesis and from seedlings for large - scale propagation of coffee (Coffea arabica L.) . Plant Cell, Tissue and Organ Culture, 102 (3): 297 - 307. https: //doi. org/ 10. 1007/ s11240 - 010 - 9734 - 4.

Rani V. & Raina, S. N. 2000. Genetic fidelity of organized meristem - derived micropropagated plants: a critical reappraisal. In Vitro Cellular and Developmental Biology Plant, 36: 319 - 330. http: //doi. org/10. 1007/s11627 - 000 - 0059 - 6.

Rajeskharan, P. E. & Sahijram, L. 2015. In vitro conservation of plant germplasm. In: B. Bahadur, M. V. Rajam, L. Sahijram & K. V. Krishnamurthy, eds.) Plant biology and biotechnology: Volume II: Plant genomics and biotechnology. New Delhi, Springer. https: //www. researchgate. net/publication/ 278 900 645 _ In _ Vitro _ Conservation _ of _ Plant _ Germplasm.

Read, P. E. & Preece, J. E. , eds. 2013. V International Symposium on Acclimatization and Establishment of Micropropagated Plants, Nebraska City, NE, USA, 186 p. ISHS Acta Horticulturae, 988. https: //www. actahort. org/books/988/.

Sandoval, J. A. , Côte, F. X. & Escoute, J. 1996 Chromosome number variations in micropropagated true - to - type and off - type banana plants (Musa AAA Grande Naine cv.). In Vitro Cell Dev. Biol. - Plant, 32 (1): 14 - 17. https: //doi. org/10. 1007/BF02823007.

鉴定和评价

Alercia, A. 2011. Key characterization and evaluation descriptors: methodologies for the assessment of 22 crops. Rome, Bioversity International. 602 pp. https://cgspace.cgiar.org/handle/10568/744910.

Bioversity International. 2007. Guidelines for the development of crop descriptor lists. Bioversity Technical Bulletin Series. Rome, Bioversity International. Xii+72 p. https://www.bioversityinternational.org/index.php? id=244&tx_news_pi1 [news] =1053&cHash=03f5fd26b4bf10a47e6e0ca712ac4610.

Bioversity International. undated. Descriptors. https://www.bioversityinternational.org/e-library/publications/descriptors/.

Bioversity International. 2018. Crop descriptors and derived standards. https://www.bioversityinternational.org/fileadmin/user_upload/about_us/news/publications/List_of_Descriptors_Titles_2018.pdf.

FAO. 2011. Pre-breeding for effective use of plant genetic resources. Rome. http://www.fao.org/ elearning/#/elc/en/course/PB.

IPGRI (International Plant Genetic Resources Institute). . 2001. Design and analysis of evaluation trials of genetic resources collections. A guide for genebank managers. IPGRI Technical Bulletin No. 4. Rome. https://cropgenebank.sgrp.cgiar.org/images/file/learning_space/technicalbulletin4.pdf.

Thormann, I. 2015. Predictive characterization: an introduction. Paper presented at Regional Training Workshop, 13 April 2015, Pretoria, South Africa. http://www.cropwildrelatives.org/fileadmin/templates/cropwildrelatives.org/upload/sadc/project_meetings/Lectures_Predictive_characterization_pre-breeding/Introduction_Predictive_Characaterization_Thormann.pdf.

Thormann, I., Alercia, A. & Dulloo, M. E. 2013. Core descriptors for in situ conservation of crop wild relatives v. 1. Bioversity International, 28 p.

Thormann, I., Parra-Quijano, M., Endresen, D. T. F., Rubio-Teso, M. L., Iriondo, M. J. &Maxted, N. 2014. Predictive characterization of crop wild relatives and landraces. Technical guidelines version 1. Rome, Bioversity International. https://www.bioversityinternational.org/fileadmin/user_upload/online_library/publications/pdfs/Predictive_characterization_guidelines_1840.pdf.

分子鉴定和评价

Arif, I. A., Bakir, M. A., Khan, H. A., Al Farhan, A. H., Al Homaidan, A. A., Bahkali, A. H., Sadoon, M. A. & Shobrak, M. 2010. A brief review of molecular techniques to assess plant diversity. International Journal of Molecular Sciences, 11 (5): 2079-2096. https://doi.org/10.3390/ijms11052079.

Ayad, W. G., Hodgkin, T., Jaradat, A. & Rao, V. R. 1997. Molecular genetic techniques for plant genetic resources. Report on an IPGRI workshop, 9-11 October 1995, Rome, IPGRI. 137 pp. http://www.bioversityinternational.org/fileadmin/bioversity/publications/Web_

version/675/begin. htm.

Bretting, P. K. & Widrlechner, M. P. 1995. Genetic markers and plant genetic resource management. Plant Breeding Reviews, 13: 11 - 86.

D'Agostino, N. & Tripodi, P. 2017. NGS - based genotyping, high - throughput phenotyping and genome - wide association studies laid the foundations for next - generation breeding in horticultural crops. Diversity, 9 (3): 38. https: //doi. org/10. 3390/d9030038.

de Vicente, M. C. & Fulton, T. 2004. Using molecular marker technology in studies on plant genetic diversity. Rome, IPGRI, and Ithaca, USA, Institute for Genetic Diversity. http: //www. bioversityinternational. org/fileadmin/user _ upload/online _ library/publications/pdfs/Molecular _ Markers _ Volume _ 1 _ en. pdf.

de Vicente, M. C., Metz, T. & Alercia, A. 2004. Descriptors for genetic markers technologies. Rome, IPGRI. http: //www. bioversityinternational. org/e - library/publications/detail/descriptors - for - genetic - markers - technologies/.

Govindaraj, M., Vetriventhan, M. & Srinivasan, M. 2015. Importance of genetic diversity assessment in crop plants and its recent advances: an overview of its analytical perspectives. Genetics Research International. hindawi. com/journals/gri/2015/431487/.

Jia, J., Li, H., Zhang, X., Li, Z. & Qiu, L. 2017. Genomics - based plant germplasm research (GPGR) . The Crop Journal, 5 (2): 166 - 174. https: //doi. org/10. 1016/j. cj. 2016. 10. 006.

Jiang, G. - L. 2013. Molecular markers and marker - assisted breeding in plants. In: S. B. Andersen. Plant breeding from laboratories to fields. IntechOpen, Denmark. https: //doi. org/10. 5772/52583.

Kaçar, Y. A., Byrne, P. F. & da Silva, J. A. T. 2006. Molecular markers in plant tissue culture In: J. A. Teixeira da Silva, ed. Floriculture, ornamental and plant biotechnology: advances and topical Issues, Vol. II, Edition 1, Chapter 57, pp. 444 - 449. Global Science Books.

Karp, A., Kresovich, S., Bhat, K. V., Ayad, W. G. & Hodgkin, T. 1997. Molecular tools in plant genetic resources conservation: a guide to the technologies. IPGRI Technical Bulletin No. 2. Rome, IPGRI.

Keilwagen, J., Kilian, B., Özkan, H., Babben, S., Perovic, D., Mayer, K. F. X., Walther, A. et al. 2014. Separating the wheat from the chaff - a strategy to utilize plant enetic resources from ex situ genebanks. Scientific Reports, 4: 5231. https: //doi. org/10. 1038/srep05231.

Kilian, B. & Graner, A. 2012. NGS technologies for analyzing germplasm diversity in genebanks. Briefings in Functional Genomics, 11 (1): 38 - 50. https: //doi. org/10. 1093/bfgp/elr046.

Laucou, V., Lacombe, T., Dechesne, F., Siret, R., Bruno, J. P., Dessup, M., Dessup, P. et al. 2011. High throughput analysis of grape genetic diversity as a tool for germplasm collection management. Theoretical and Applied Genetics, 122 (6): 1233 - 1245. https://doi. org/10. 1007/s00122 - 010 - 1527 - y.

Mishra, K. K. , Fougat, R. S. , Ballani, A. , Thakur, V. , Jha, Y. & Madhumati, B. 2014. Potential and application of molecular markers techniques for plant genome analysis. International Journal of Pure & Applied Bioscience, 2 (1): 169 - 188. http://www. ijpab. com/form/2014%20Volume%202,%20issue%201/IJPAB-2014-2-1-169-188. pdf.

van Treuren, R. & van Hintum, T. 2014. Next - generation genebanking: Plant genetic resources management and utilization in the sequencing era. Plant Genetic Resources, 12 (3): 298 - 307. https://doi. org/10. 1017/S1479262114000082.

信息汇编

Ougham, H. & Thomas, I. D. 2014. Germplasm databases and informatics. In: M. Jackson, B. , Ford-Lloyd & M. Parry, eds. Plant genetic resources and climate change, pp. 151 - 165. Wallingford, UK, CAB International.

Painting, K. A, Perry, M. C, Denning, R. A. & Ayad, W. G. 1993. Guidebook for genetic resourcesdocumentation. Rome, IPGRI. https://www. bioversityinternational. org/fileadmin/_migrated/uploads/tx_news/Guidebook_for_genetic_resources_documentation_432. pdf.

安全备份

Nordgen. 2008. Agreement between (depositor) and the Royal Norwegian Ministry of Agriculture and Food concerning the deposit of seeds in the Svalbard Global Seed Vault. The Svalbard Global Seed Vault. https://seedvault. nordgen. org/common/SGSV_Deposit_Agreement. pdf.

基础设施和设备

Bretting P. K. 2018. 2017 Frank Meyer Medal for Plant Genetic Resources Lecture: Stewards of Our Agricultural Future. Crop Science, 58 (6): 2233 - 2240. https://doi. org/10. 2135/cropsci2018. 05. 0334.

Fu, Y. - B. 2017. The vulnerability of plant genetic resources conserved ex situ. Crop Science, 57 (5): 2314. https://doi. org/10. 2135/cropsci2017. 01. 0014.

International Potato Centre. 2014. Tissue culture. CIP Training Manual. 1. http://cipotato. org/wp-content/uploads/2014/07/Tissue. pdf.

IPGRI/CIAT (IPGRI/International Centre for Tropical Agriculture). 1994. Establishment and operation of a pilot in vitro active genebank. Report of a CIAT-IBPGR collaborative project using cassava (Manihot esculenta Crants) as a model. Cali, Colombia, IPGRI and CIAT. http://ciat-library. ciat. cgiar. org/ciat_digital/CIAT/63652. pdf.

附录　风险及其应对措施

在离体种质库运行期间，工作人员应接受适当的培训并按照规程操作。离体种质库运行风险具体如下：

种质资源获取

风险	风险控制和减缓
收集的样品不足以代表来源种群的多样性	■ 制定并遵循商定的种质收集策略和方法，充分遵循遗传采样指南
分类鉴定错误	■ 收集团队中要有分类学家，离体种质库工作人员也要接受分类学培训 ■ 专家对植物标本馆凭证样品和图片进行鉴定
标识错误和标签丢失	■ 在每个收集袋的外部贴好标签；在收集袋内再放置一个标签
抄写录入错误	■ 考虑使用移动设备，确保数据定期备份、充电电池充足可用 ■ 进行数据审核
在收集、运输期间生活力丧失导致保存寿命缩短	■ 确保及时转移到条件可控的干燥环境下 ■ 根据繁殖体成熟度、主要环境条件和植物检疫条件，确保采用适宜的收获后处理

离体培养和缓慢生长保存

风险	风险控制和减缓
繁殖体寿命缩短	■ 确保采用适宜的培养基和保存条件，包括病害管理
由于体细胞无性系变异而导致遗传完整性丧失	■ 避免在培养基中过量使用生长调节剂 ■ 限制继代次数 ■ 丢弃出现体细胞无性系变异的培养物
样品混杂和标识错误	■ 仔细贴标签，避免混杂 ■ 使用机打条形码标签，最大限度地减少错误

（续）

风险	风险控制和减缓
保存的样品低于生活力或数量阈值	■ 确保系统有内置的自动化工具，可监测生活力和库存以及标识出需更新的种质

继代培养和复壮

风险	风险控制和减缓
选择压力导致适应性等位基因丧失	■ 确保采用适宜的培养基和继代培养条件 ■ 在可控的环境条件下进行复壮
样品和种质资源标识错误	■ 检查容器和种植盆的标签；使用条形码

鉴定和评价（离体培养）

风险	风险控制和减缓
记录不完整，数据不可靠	■ 做好工作人员培训 ■ 使用移动设备记录数据 ■ 确保负责人和信息汇编人员查验数据
样品标识错误	■ 收集数据时检查容器标签

鉴定和评价（温室或田间）

风险	风险控制和减缓
记录不完整，数据不可靠	■ 做好工作人员培训 ■ 采用适宜的统计设计 ■ 选择适宜的地方进行种植 ■ 采用适宜的栽培方法 ■ 使用移动设备记录数据 ■ 确保负责人和信息汇编人员查验数据
样品标识错误	■ 核查种质、品种 ■ 收集数据时检查种植盆标签 ■ 在播种和收获前检查地块和种植盆标签

分发和安全备份

风险	风险控制和减缓
样品混杂和标识错误	■ 仔细包装，以避免混杂 ■ 在包装袋的内部和外部使用标签 ■ 使用机打条形码标签，最大限度地减少错误
货件延迟或损坏导致生活力丧失	■ 确保种子及时发货，采用最快和最安全的方式发送

图书在版编目（CIP）数据

《粮食和农业植物遗传资源种质库标准》实施实用指南．离体保存 / 联合国粮食及农业组织编著；张金梅，陈晓玲，辛霞译．-- 北京：中国农业出版社，2025.6．--（FAO中文出版计划项目丛书）．-- ISBN 978-7-109-32934-8

Ⅰ．S31-62

中国国家版本馆CIP数据核字第20256T3K46号

著作权合同登记号：图字01－2024－6562号

《粮食和农业植物遗传资源种质库标准》实施实用指南——离体保存
《LIANGSHI HE NONGYE ZHIWU YICHUAN ZIYUAN ZHONGZHIKU BIAOZHUN》
SHISHI SHIYONG ZHINAN—LITI BAOCUN

中国农业出版社出版
地址：北京市朝阳区麦子店街18号楼
邮编：100125
责任编辑：郑　君　　文字编辑：范　琳
版式设计：王　晨　　责任校对：吴丽婷
印刷：北京通州皇家印刷厂
版次：2025年6月第1版
印次：2025年6月北京第1次印刷
发行：新华书店北京发行所
开本：700mm×1000mm　1/16
印张：4.5
字数：86千字
定价：69.00元